SEGREDOS DO CÉREBRO

Greg Gage
Tim Marzullo

SEGREDOS DO CÉREBRO

NEUROCIÊNCIA AO SEU ALCANCE

manole
editora

Título original em inglês: *How Your Brain Works – Neuroscience Experiments for Everyone*

Produção editorial: Retroflexo Serviços Editoriais
Tradução: Luiz Euclydes Trindade Frazão Filho
Revisão científica: **Mirela C. C. Ramacciotti**
PhD em Neurociência e Comportamento pela USP. PhD em Distúrbios da Comunicação Humana pela Unifesp. Mestre em Educação Interdisciplinar pela Johns Hopkins University. Docente externo do Instituto de Psicologia da USP. Fundadora do Grupo de Estudos "Mind, Brain, and Education" da Assocação de Professores de Inglês do Brasil (Braz-Tesol). Coordenadora do grupo de Amigos da Rede CpE (Ciência para Educação).
Revisão de tradução e revisão de prova: Depto. editorial da Editora Manole
Projeto gráfico: Depto. editorial da Editora Manole
Diagramação: Elisabeth Miyuki Fucuda
Ilustrações do miolo e da capa: Cristina Mezuk, Maria Baykova e Matteo Farinella
Capa: Ricardo Yoshiaki Nitta Rodrigues

CIP-BRASIL. CATALOGAÇÃO NA PUBLICAÇÃO
SINDICATO NACIONAL DOS EDITORES DE LIVROS, RJ

G126s
Gage, Greg
Segredos do cérebro : neurociência ao seu alcance / Greg Gage, Tim Marzullo ; tradução Luiz Euclydes Trindade Frazão Filho ; revisão científica Mirela C. C. Ramacciotti. - 1. ed. - Santana de Parnaíba [SP] : Manole, 2024.

Tradução de: How your brain works : neuroscience experiments for everyone
ISBN 9788520465714

1. Neurociência. 2. Cérebro. 3. Saúde mental. I. Marzullo, Tim. II. Frazão Filho, Luiz Euclydes Trindade. III. Ramacciotti, Mirela C. C. IV. Título.

24-88260 CDD: 612.82
CDU: 612.82

Gabriela Faray Ferreira Lopes - Bibliotecária - CRB-7/6643

Edição brasileira – 2024

Direitos em língua portuguesa adquiridos pela:
Editora Manole Ltda.
Alameda América, 876
Tamboré – Santana de Parnaíba – SP – Brasil
CEP: 06543-315
Fone: (11) 4196-6000
www.manole.com.br | https://atendimento.manole.com.br/

Impresso no Brasil
Printed in Brazil

Sumário

Parte III: Neurociência dos sistemas

Agradecimentos

Este livro é, na realidade, uma história sobre a Backyard Brains, uma empresa que constituímos como alunos de pós-graduação em neurociência na Universidade de Michigan, EUA.

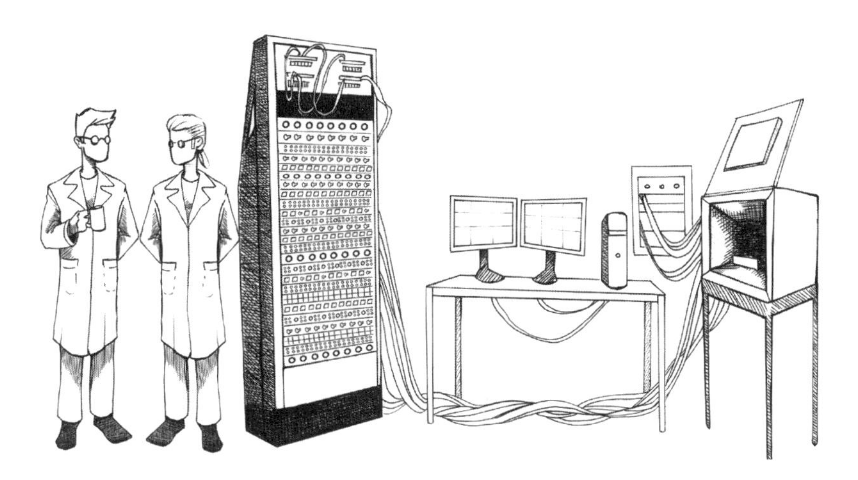

Os experimentos tiveram início com a nossa preparação da perna da barata e uma visão para reinventar a maneira como a neurociência é ensinada nas universidades. Na última década, desenvolvemos a nossa tecnologia para lidar com um conjunto de sinais muito mais amplo e diverso, permitindo um entendimento mais profundo do sistema nervoso.

O projeto da Backyard Brains começou com um pôster, na Society for Neuroscience[1] (SfN) sobre o nosso SpikerBox. O pôster foi intitulado "The $100 Spike" e foi um desafio de engenharia autoinduzido para registrar um pico com um equipamento que custaria menos de $100 para ser feito. Apresentamos um resumo em maio de 2008 que expunha o nosso objetivo e convidava as pessoas a nos fazerem uma visita para ver como trabalhávamos. Conseguimos então trabalhar durante o verão para a conferência SfN de novembro, com a participação de 30.000 neurocientistas. Aprendemos com os pôsteres anteriores que a apresentação de um "bioamplificador monocanal de baixo custo para a educação" não receberia a atenção que merece em uma população ocupada, então resolvemos posicioná-lo como uma cura para o apocalipse zumbi. A teoria era sólida. Caso acontecesse o apocalipse zumbi, todos os seus entes queridos seriam afetados por uma doença que mudaria o seu comportamento... obviamente, deveria ser um distúrbio neurológico! Você deveria pesquisar e curar essa doença horrível e, por isso, precisaria estudar o cérebro zumbi. O problema é que os fabricantes de equipamentos de alta tecnologia em neurociência também eram zumbis, restando-lhe apenas roubar peças da RadioShack[2] na calada da noite. E, quando você o fizesse, nós teríamos criado um roteiro de como confeccionar os seus próprios equipamentos de neurociência. É importante ressaltar que o dispositivo que criamos realmente funcionava! Você poderia registrar picos neurais no alto-falante de nosso protótipo inicial. O pôster atraiu uma verdadeira multidão, levando a uma entrevista com a *Nature* e uma aparição no *podcast* da *Nature* sobre neurociência. Esse interesse estimulou outros pesquisadores que desejavam ter acesso a ferramentas de neurociência de baixo custo, e logo tivemos a ideia de abrir a nossa empresa para fabricar e pesquisar o uso de ferramentas de DIY para ensinar neurociência com baixo custo.

---

1 N.R.C.: Designa uma organização profissional composta por cientistas e clínicos cujo trabalho e interesse versam sobre o estudo do sistema nervoso. Conheça mais no site https://www.sfn.org/

2 N.R.C.: Cadeia varejista de lojas de artigos eletrônicos dos Estados Unidos, atualmente presente em várias partes da Europa, América Central e América do Sul.

Temos uma dívida de gratidão com os primeiros mentores que nos incentivaram e nos ajudaram a obter o treinamento necessário sobre como abrir uma empresa. Tim Marzullo recebeu um prêmio da Kauffman Foundation criado para pós-doutorandos comercializarem os seus trabalhos acadêmicos. Aprendemos a angariar investidores, mas logo constatamos que os investidores não estavam interessados em uma *start-up* do ramo de neurociência educacional (não havia mercado). De qualquer modo, criamos o nosso *site* na internet e tivemos algumas vendas iniciais para estudantes formados pela Universidade da Califórnia em San Diego e outros acadêmicos. Mas esse empreendimento provavelmente teria sido um "bico" temporário visto ser impossível dedicar o nosso tempo ao seu desenvolvimento sem financiamento para pesquisa. Mas havia esperança. Tomamos conhecimento do mecanismo de premiação *Small Business Innovation Research* (SBIR) do governo dos Estados Unidos, criado para solucionar exatamente esse problema. A SBIR financia P&D[3] para o desenvolvimento de tecnologias fundamentais para as prioridades dos órgãos de governo mas que talvez não sejam atraentes para os investidores-padrão.

3 N.R.C.: Sigla em inglês para *Product and development*, ou Produto e desenvolvimento.

Aplicamos para uma bolsa do National Institutes of Health[4] (NIH) que, quando financiada, mudou a nossa vida e o nosso sonho da Backyard Brains conseguiu sobreviver. Agora poderíamos dedicar 100% do nosso tempo à elaboração dos planos de *hardware, software* e aulas. Gostaríamos de agradecer à nossa diretora de programas do National Institute of Mental Health (NIMH), Margaret Grabb, por todo o seu apoio e por acreditar em dois alunos de pós-graduação com uma caixa de baratas. Aliás, este livro foi o nosso "objetivo específico" final, que era publicar um livro didático baseado em nossos experimentos desenvolvidos por meio de nossa bolsa de pesquisa. Temos orgulho em dizer que as pesquisas relatadas neste livro contam com o apoio do NIMH sob o número MH093334 de nossa bolsa SBIR: *"Backyard Brains: Bringing Neurophysiology into Secondary Schools"*[5]. Agradecemos também a Kris Bergman, da BBC Entrepreneurial Training & Consulting, por toda a sua assessoria no processo de solicitação da bolsa e por nos ajudar a trilhar o complexo mundo dos trâmites governamentais; e ao nosso orientador de doutorado, Daryl R. Kipke, por nos incentivar a "adotar essa ideia", já que estávamos terminando o nosso trabalho de pós-graduação, bem como por nos orientar em nosso processo inicial de solicitação de bolsa e argumentação.

Greg gostaria de agradecer à empresa TED, especificamente a Tom Riley, Logan McClure Davda, Shoham Arad e ao restante da equipe da TED Fellows por lhe oferecerem incentivo, mentoria e um palco que permitisse que nossas ideias se difundissem na mente das pessoas. As ideias são frágeis – especialmente no estágio formativo inicial – e o apoio da empresa TED permitiu que o nosso conceito florescesse. A TED Talks ajudou a nossa empresa a crescer e alcançar o nosso público-alvo de curiosos aprendizes.

Muitos dos experimentos apresentados neste livro foram realizados em colaboração com outros pesquisadores. O Dr. Brian L. Tracy é um especialista em fisiologia muscular na Universidade do Estado do Colorado e um colega de longa data que tem nos ajudado em todos os nossos

---

4 N.R.C.: Institutos de Saúde que têm a missão de buscar conhecimento para melhorar a vida. Saiba mais em https://www.nih.gov/

5 N.R.C.: Bolsa do prêmio conferida para pesquisas inovadores feitas por negócios de pequeno porte ao projeto "Backyard Brains: levando neurofisiologia para as escolas secundárias".

experimentos de EMG. A sua aluna Breonna E. Holland desenvolveu o experimento da mastigação apresentado no Capítulo 19. O Dr. Kenneth A. Norman e o Dr. James W. Antony desenvolveram o experimento do TMR apresentado no Capítulo 13, em conjunto com o seu estagiário do ensino médio, Robert Zhang, que programou o aplicativo do jogo da memória. Enquanto estava como nosso colega de laboratório na universidade, Colin Stoetzner sugeriu o experimento da estimulação musical do Capítulo 5.

As ilustrações desenhadas à mão começaram com a nossa amiga da universidade Cristina Mezuk, detentora de um estilo maravilhoso que continuamos utilizando até hoje. Ao longo dos anos, acrescentamos alguns outros artistas à nossa equipe, entre os quais, Maria Baykova e Matteo Farinella – o segundo, por acaso, é neurocientista e um surpreendente autor. Esses três artistas contribuíram para as ilustrações contidas neste livro. As fontes foram desenhadas manualmente por Matteo, Maria e Aleksandra Gage.

Agradecemos aos nossos muitos colegas de trabalho por sua incansável dedicação no intuito de viabilizar este livro. Stanislav Mircic é um dos melhores engenheiros que existe, em que pese a sua modéstia em admiti-lo. Ele desenvolveu todo o nosso *software*, além de solucionar rapidamente também problemas de *hardware*. Will Wharton e Caitlin Clayton nos ajudaram a revistar, editar e organizar os rascunhos iniciais dos capítulos. Miroslav Nestorovic nos ajudou a organizar a elaboração do livro, coordenando conosco os autores, a nossa editora e os artistas para que todas as peças que faltavam fossem encaixadas em seus devidos lugares. Jelena Ciric revisou cuidadosamente cada rascunho, acrescentando comentários e sugestões. Os dados constituem um alicerce deste livro, envolvendo muitas pessoas em sua coleta. Agradecemos a Wenbo Gong por fornecer os nossos dados de EMG no Capítulo 21, a Will Wharton pela adaptação dos dados do Capítulo 7, a Zach Reining pela coleta dos dados de ERG do Capítulo 8, e a Etienne Serbe-Kamp e Dan Pollak por desenvolver o experimento da visão com ERG. Wenbo Gong e Ken Gage forneceram os dados de ECG para os Capítulos 16 e 18, respectivamente.

Os alunos universitários e do ensino médio foram fundamentais para o desenvolvimento de experimentos criativos, e nós somos gratos a todos que trabalharam longas horas para criar as nossas técnicas de DIY. A preparação para o nosso experimento com a minhoca (Capítulo 4) foi desenvolvida com Kyle M. Shannon, enquanto Jess Breda desenvolveu o projeto do feromônio do bicho-da-seda, apresentado no Capítulo 6. Ariyana Miri coletou os dados para o EOG e os movimentos sacádicos (Capítulo 20), e Joud Mar'i conduziu os experimentos do sono e da reativação direcionada da memória. Os experimentos do ritmo mu (Capítulo 14) foram conduzidos por Anusha Joshi. O experimento da resposta P300 do Capítulo 13 foi realizado por Kylie Smith. Maria Gerdyman desenvolveu o experimento da meditação, contido no Capítulo 15. Os bonitos esboços contidos em seu caderno de laboratório foram a fonte de muitas das ilustrações do capítulo.

De forma mais pessoal, Greg deseja agradecer à sua esposa, Aleksandra, por sua paciência e compreensão durante a estressante fase inicial de atuação de um jovem cientista e empreendedor; às suas filhas, Lila e Jane, por serem uma verdadeira fonte de alegria, risos e inspiração; à sua família, por sua paciência com ele quando criança; e ao seu pai, por lhe ensinar o valor da criatividade e do humor. Tim deseja agradecer aos seus pais, William Marzullo e Lynn Harkins, e aos seus avós por lhe ensinarem a nunca se deixar intimidar pelas máquinas ou pela linguagem.

1
Introdução

Por que neurociência DIY[1]?

Nós respiramos e vemos nosso tórax subir e descer. Andamos no calor e suamos. Movimentamos nossos braços e pernas e vemos os músculos se contraírem sob a nossa pele. Ficamos excitados quando nos aproximamos de alguém por quem temos alguma atração e sentimos nossa frequência cardíaca aumentar. Somos capazes de nos recordar do cheiro da casa de nossa avó, de como foi o nosso primeiro beijo e de nosso endereço residencial. Tudo isso é possível em virtude de um maravilhoso órgão existente no interior de nossa cabeça chamado cérebro. Compreender o cérebro continua sendo um dos maiores desafios científicos.

---

1 N.R.C.: Do inglês *Do It Yourself* (faça você mesmo).

Como realmente ocorre o pensamento? Como o seu cérebro diz ao seu corpo que se movimente? Como o seu corpo comunica ao seu cérebro os seus múltiplos sentidos? Como nos recordamos? Por que sonhamos? Como temos consciência e percepção de nós mesmos? Como aprendemos? Essas perguntas confundem os pensadores desde os primórdios da civilização e evoluíram para o campo da neurociência, que busca as respostas. Nos últimos 150 anos, muito se progrediu em relação ao entendimento da função cerebral. Entretanto, somente os neurocientistas normalmente têm avaliado esses achados. Ao contrário das geociências, da biologia vegetal, da física, da astronomia e de outros sustentáculos do sistema educacional, a neurociência não era tradicionalmente ensinada até a introdução dos estudos avançados nas universidades.

Um momento... Neurociência é algo difícil!

A neurociência é vista como muito complexa ou excessivamente ampla para aprendermos no ensino médio ou para ser algo com o qual possamos nos comprometer. Adágios e truísmos como "não é nenhum bicho de sete cabeças" ou "não é nada de outro mundo" subentendem que qualquer coisa relacionada à cabeça ou a outro mundo é demasiadamente complexo do ponto de vista cognitivo. A insinuação é de que somente alguns poucos privilegiados podem até tentar resolver esses assuntos nas universidades e com pesquisa. Essas frases podem também denotar situações de alto risco – um "bicho de sete cabeças" pode ser perigoso e causar danos às pessoas, e "coisas de outro mundo" podem ser aterradoras. Talvez não seja de surpreender que a neurociência normalmente seja ensinada em nível universitário, e que os experimentos que utilizam cérebros vivos geralmente sejam conduzidos somente em instituições de pesquisa com dotação orçamentária adequada.

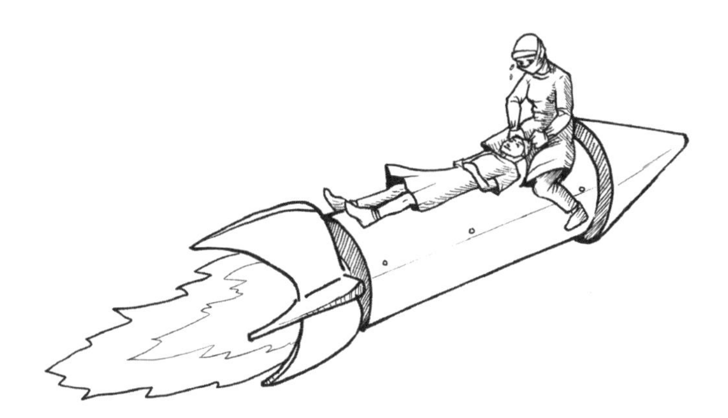

Contudo, talvez uma melhor razão para que a neurociência não tenha espaço em mais salas de aula nada tenha a ver com a complexidade de nosso cérebro, mas com o custo demasiadamente elevado das ferramentas de pesquisa. O número de pesquisadores ativos no campo da neurociência é limitado em comparação com o de consumidores normais, de modo que o mercado que se desenvolveu para fornecer equipamentos aos pesquisadores precisa cobrar uma fortuna para se manter no ramo. Isso não é problema para os neurocientistas consagrados, uma vez que eles incluem esse orçamento em suas concessões, o que, no entanto, torna as ferramentas de pesquisa em neurociência inacessíveis à maioria das escolas de ensino médio e universidades.

A crescente necessidade da educação em neurociência

Embora tenhamos dado largos passos no que tange ao entendimento do cérebro, ainda estamos na era medieval no campo mais amplo da neurociência. Ainda não sabemos exatamente como a memória é armazenada no cérebro. A comunidade médica não tem como diagnosticar confiavelmente a doença de Alzheimer até que o cérebro seja fatiado após a morte. O que é esquizofrenia exatamente? Ou depressão? Uma em cada cinco pessoas serão diagnosticadas com uma lesão cerebral em algum momento de suas vidas, e nós, sabidamente, não temos uma cura para os distúrbios neurológicos. Para mudar essa situação, são necessárias pesquisas básicas e acessíveis sobre o cérebro.

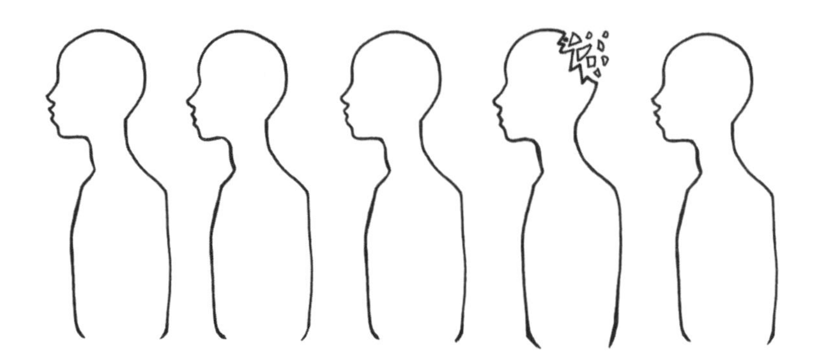

As pessoas querem conhecer o seu cérebro. As bibliotecas e livrarias locais estão repletas de títulos populares sobre neurociência e psicologia. Pilhas de livros, escritos por talentosos autores, filósofos, neurocientistas, psicólogos e engenheiros da computação, tentam explicar o cérebro de maneiras cada vez mais cativantes. As capas das revistas geralmente anunciam histórias sobre os "mistérios do cérebro" revelados. Esse fascínio pelo cérebro fala à nossa sede por conhecimento. O cérebro é pessoal, misterioso, e governa toda a nossa vida, procurando até compreender a si mesmo.

Infelizmente, a falta de instrução sobre a neurociência deixa o campo amplamente aberto para uma exploração desnecessária. Campos como neuroeducação, neuromarketing e neuroeconomia geralmente se beneficiam da falta de entendimento público sobre a função básica do cérebro. Existe um crescente mercado para os produtos que visam melhorar a saúde: suplementos vitamínicos, óleos à base de ômega 3 e aplicativos que tocam música clássica para os seus filhos. Existem também concepções errôneas comuns sobre o cérebro que permeiam a sociedade. Ideias como "você utiliza apenas 10% do seu cérebro" podem nos inspirar a trabalhar mais; o "álcool mata os neurônios" pode ajudá-los a beber menos; ou "palavras cruzadas mantêm a jovialidade do seu cérebro" podem mantê-lo engajado e ocupado; mas nenhuma dessas afirmações é baseada em pesquisas em neurociência. Não existe nenhuma evidência física das personalidades moldadas pelo "lado esquerdo" ou pelo "lado direito" do cérebro, mas esses mitos demonstram um interesse subjacente pelo cérebro e o seu papel em nosso comportamento.

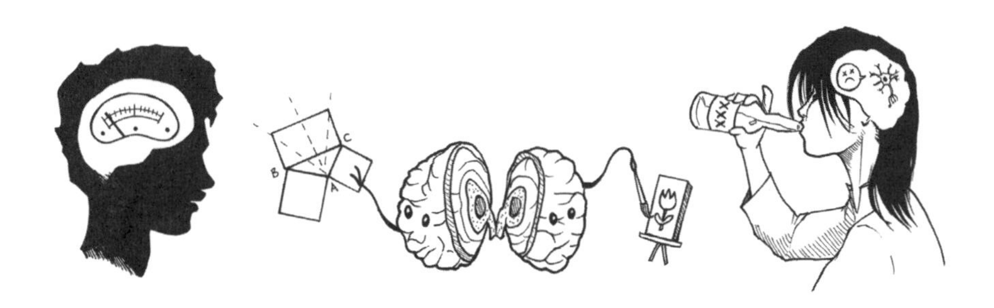

A neurorrevolução está próxima

O interesse pelo cérebro, combinado à falta de instrumentos de pesquisa de consumo em neurociência, lembra os primórdios da revolução da computação. Os computadores já existiam até mesmo na década de 1960, mas eram grandes e caros. Somente os bancos, as empresas e as grandes universidades tinham condições de tê-los. Entretanto, com a invenção do microprocessador Intel 8080, surgiu finalmente um *chip* acessível o suficiente (a partir de US$ 75 até US$ 300 em 1976) para o lançamento do primeiro microcomputador, o Altair 8800. Essa foi a centelha que desencadeou a revolução da computação. Logo se formaram as comunidades de aficionados e novas ideias foram compartilhadas. Steve Wozniak atribui ao Homebrew Computer Club a inspiração para o Apple I. O primeiro produto da Microsoft era um intérprete de linguagem BASIC para o Altair 8800. A aceleração da inovação do microcomputador teve início com a democratização dos microprocessadores e continua até os dias de hoje.

A revolução eletrônica/da computação por meio da invenção de componentes de baixo custo e ferramentas de código aberto, produziu o "efeito de alastramento" (*spillover effect*), fazendo com que seja possível atrair uma população mais ampla para o campo da neurociência, fornecendo os equipamentos eletrônicos necessários para o registro da atividade elétrica dos neurônios.

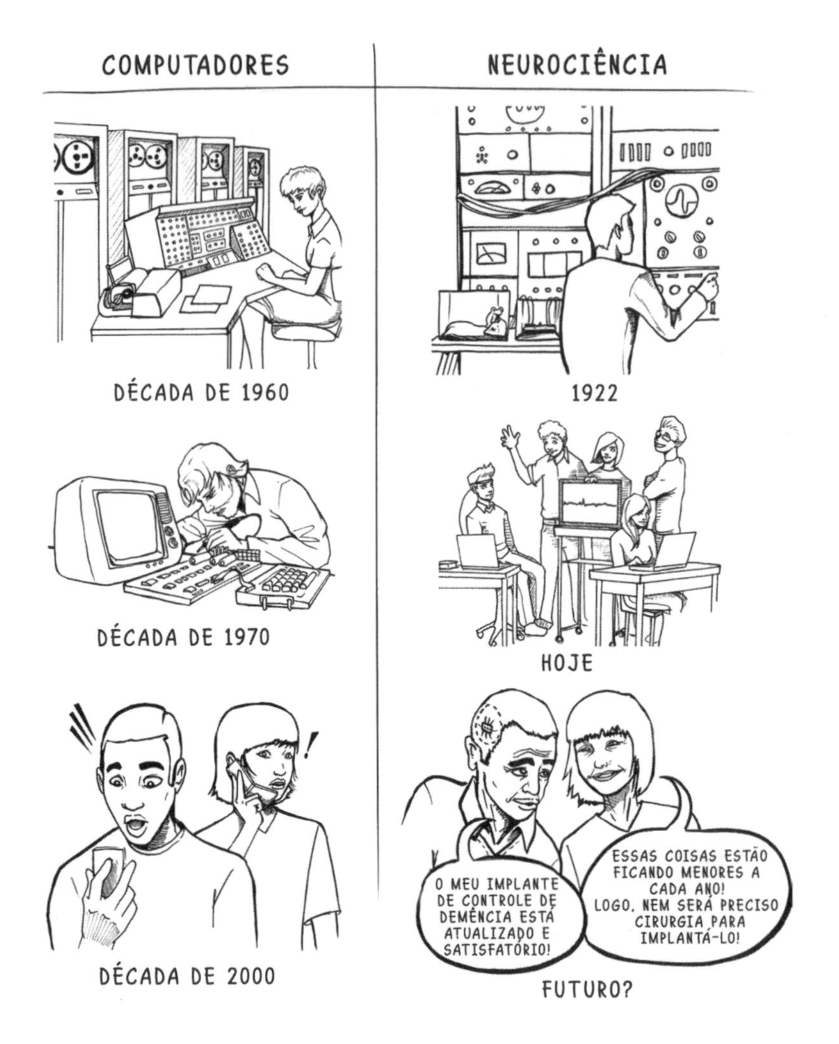

A neurociência DIY tem por objetivo reproduzir a revolução da computação, permitindo que pessoas anteriormente privadas de acesso às ferramentas necessárias contribuam de forma significativa para o campo.

Existem muitos exemplos de como os cientistas amadores contribuem para o nosso entendimento coletivo sobre a natureza. Tão logo os clubes e grupos de astronomia começaram a surgir, os amadores começaram a descobrir novas nebulosas e cometas no céu noturno. Aliás, o famoso cometa Hale-Bopp foi codescoberto por um astrônomo amador chamado Thomas Bopp. Até mesmo o planeta Urano foi descoberto em 1781 por um curioso diretor musical chamado William Herschel. Muitas ocorrências raras, como os cometas e os grandes asteroides que se chocam com os planetas, teriam passado despercebidos se não fosse pelos amadores atentos que preservaram esses eventos em vídeo para que os cientistas os estudassem.

Na matemática, algumas das provas mais elegantes para o cálculo de *pi*, em meio a muitas outras derivações surpreendentes, vieram do matemático amador indiano Srinivasa Ramanujan. Os donos de animais de estimação contribuíram imensamente para o trabalho da cognição animal. Por exemplo, a cacatua Snowball, de Irena Schulz, levou à descoberta de que seres não-humanos são capazes de desenvolver a indução da pulsação musical (acompanhando o ritmo musical)[2], e Rico, um cachorro na Alemanha, propiciou uma publicação, em 2004, na revista especializada *Science* que descrevia a sua capacidade de classificar até 200 novos objetos.

Uma coisa que todos esses amadores têm em comum é o acesso a ferramentas baratas. Os telescópios, os lápis e os animais de estimação são acessíveis, de modo que os dados e ideias podem ser facilmente gera-

2 N.R.C: Pulsação é como o batimento cardíaco, ou seja, tem constância e regularidade, o que se traduz em batidas 'iguais'. No ritmo, que acompanha a pulsação, a duração das batidas pode diferir.

dos. Se as ferramentas de neurociência pudessem ser democratizadas de maneira semelhante, talvez os amadores pudessem nos ajudar a melhorar o nosso entendimento sobre o cérebro também.

Felizmente, em 2008, foram lançadas várias tecnologias de consumo revolucionárias que mudaram a forma de desenvolvimento de ferramentas tradicionalmente caras. O microcontrolador Arduino, inventado por um grupo de artistas e engenheiros, permitiu a amadores controlar facilmente dispositivos eletrônicos e mecânicos, resultando em invenções como a MakerBot, a primeira impressora 3D comercial produzida para o mercado consumidor. Naquele mesmo ano, a Apple lançou a App Store para o seu dispositivo móvel iPhone, transformando o iPhone em um computador portátil incrivelmente potente, com conexão de internet, que poderia ser programado pelos usuários. Havia então a matéria-prima para a produção das peças, programação de equipamentos eletrônicos e a conexão de dispositivos para aplicativos móveis. Essas tecnologias levaram a um novo tipo de centro comunitários denominado espaço *maker*. Ferramentas de produção baseadas em microcomputador puderam ser compartilhadas e permitiram que praticamente qualquer pessoa montasse um protótipo de qualquer coisa: um foguete, um novo instrumento musical ou, até mesmo, instrumentos científicos.

Com o uso dessas técnicas DIY, hoje é possível produzir ferramentas simples de neurociência que ocupam o lugar de equipamentos de laboratório avançados. Experimentos de equipamentos caseiros de neurociência podem ser abrangentes. A neurociência é grande e pequena ao mesmo tempo. Você pode aumentar a imagem e entreouvir as mensagens elétricas de neurônios individuais comunicando-se entre si nas pernas de insetos, ou diminuir totalmente o foco da imagem para captar a ampla atividade elétrica de bilhões de neurônios em seu próprio cérebro por meio de eletroencefalograma (EEG). O campo da neurociência é tão diverso quanto as pessoas que o estudam. A reunião anual da Society for Neuroscience, a maior conferência sobre neurociência, conta com a participação de aproximadamente 30.000 pessoas a cada ano. Isso pode parecer muito, mas não é nada além de uma cidade pequena. Com a democratização das ferramentas e habilidades, bem como a escolha das perguntas certas a serem respondidas, é possível que muito mais pessoas venham contribuir para o campo.

Este livro permite que você fique a par das pesquisas em neurociência e tenha uma participação ativa no campo. Temos por objetivo permitir o acesso às ferramentas e técnicas necessárias para que você desenvolva um senso sobre as perguntas a serem feitas mediante a realização de experimentos de neurociência e os limites da tecnologia atual. O que antes era constatado somente nos laboratórios das universidades que conduzem pesquisa avançada é hoje disponibilizado a qualquer pessoa curiosa. As barreiras desapareceram, os segredos se foram, as proibições foram suspensas e o caminho se tornou mais acessível. A neurociência e o autoconhecimento do seu cérebro estão aí à sua disposição.

Como utilizar este livro

Este livro é um guia prático para o aprendizado, por meio de experiências táteis, sobre o cérebro. Apresentaremos conceitos de neurociência, um pouco da história sobre a origem desses conceitos, e depois veremos uma série de experimentos que *você* pode fazer para compreender um pouco melhor o cérebro. Ao interagir diretamente com a neurociência, você compreenderá os princípios básicos que começarão a desmistificar o funcionamento do seu cérebro.

Quem deve ler este livro

Embora achemos que todo mundo tenha curiosidade em relação ao cérebro, escrevemos este livro com vários públicos específicos em mente.

Embora aparentemente díspares, esses públicos estão unidos pelo interesse sobre a neurociência.

Estudantes. Se você for estudante de biologia, fisiologia ou anatomia, geralmente tem pouco acesso a experiências de laboratório em neurociência. Este livro irá complementar e ampliar o conhecimento geral que você adquiriu. É possível que você queira reproduzir os experimentos ou construir os circuitos mostrados neste livro para adquirir um conhecimento aplicado de neurociência e engenharia biomédica. Isso lhe proporcionará uma visão efetiva do que a neurociência é na prática, podendo orientá-lo nas suas escolhas profissionais futuras. Este livro pode também lhe servir como um trampolim para pensar nos projetos de neurociência apresentados em feiras de ciências para o ensino médio ou nos projetos seniores de teses universitárias.

O que fazer com esse conhecimento fica a seu critério. A título de analogia, digamos que você esteja pensando em estudar música. Uma das maneiras de fazer isso é comprar um teclado ou uma guitarra de baixo custo e começar a aprender como tocar esse instrumento. O seu novo *hobby* pode permanecer um *hobby* ou evoluir para uma séria paixão que impulsionará a sua vida a um outro nível – como formar uma banda com os seus amigos, por exemplo. Qualquer que seja o resultado, a sua vida será um pouquinho melhor por causa da música. O nosso objetivo é fazer o mesmo com a neurociência. Você pode utilizar este livro para apender bastante sobre neurociência, de modo a ser um cidadão bem informado ou tornar-se um amador sério (como astrônomos e jogadores de xadrez), ou você pode utilizá-lo como inspiração para se tornar um neurocientista profissional, um engenheiro biomédico ou um físico (ou os três, dependendo da sua ambição).

Pais. Se você for um pai ou uma mãe que quer despertar o interesse dos seus filhos para a biologia, este livro é para você também. Seus filhos talvez nem saibam que o estudo dos sistemas elétricos dos seres vivos pode ser algo gratificante e imensamente recompensador, cheio de mistério e fascínio. Você pode ajudar a orientar e nutrir as capacidades de seus filhos, trabalhando com eles em projetos. A neurociência é um campo muito amplo, e ainda há muito a ser descoberto. Um jovem estudante pode contribuir para o campo da neurobiologia dos invertebrados, e nada é mais atraente para a comissão que examina os pedidos de admissão de uma universidade do que pesquisas e pensamentos, especialmente na área de alta tecnologia. O nosso conteúdo está alinhado com os NGSS (acrônimo em inglês para *Next Generation Science Standards*[3] ou Parâmetros em Ciências para a Próxima Geração) e a *AP Biology Framework*

---

3 N.R.C: Os NGSS são parâmetros de conteúdo científico para os anos do ensino fundamental (nos EUA) desenvolvidos para melhorar o ensino de ciências para todos os alunos. Tal como a BNCC no Brasil, esses parâmetros explicitam as expectativas sobre o que os alunos devem saber e serem capazes de fazer.

(sigla para *Advanced Placement*[4]), de modo que o seu filho começará a compreender os fundamentos avançados por meio do conceito do jogo exploratório.

Aprender sobre o cérebro é também divertido. Não só os seus filhos têm cérebro, mas os adultos também. Portanto, façam os experimentos juntos e aprendam juntos! O fato de elaborar projetos juntos pode criar algumas das memórias mais fortes e duradouras entre pais e filhos (e entre amigos). A criança pode manter uma ferramenta que ela tenha utilizado em conjunto com os pais ou os avós até uma idade avançada da vida adulta, até que esteja na hora de passá-la à geração seguinte.

Almas curiosas. Se você for o tipo de pessoa que gosta de ler livros de ciência popular escritos a partir de um ponto de vista instrucional e prático, este é o livro certo para você. Aqui, você aprenderá sobre o cérebro de forma aplicada. Não utilizaremos longos parágrafos repletos de palavras que descrevam estruturas e conexões anatômicas das quais você nunca ouviu falar. Em vez disso, iremos nos concentrar em uma abordagem dos princípios básicos da neurociência mais avançada. Demonstra-

4 N.R.C.: No ensino médio que adota o modelo norte-americano, o *Advanced Placement Biology* é um curso extra, com cerca de um ano de duração, projetado para oferecer uma oportunidade de ganhar créditos extras no histórico escolar. Alunos com pontuação qualificada no exame para o *Advanced Placement Biology* podem se candidatar a receber crédito universitário e colocação em um curso de ciências avançadas na faculdade.

remos como construir equipamentos de medição para o estudo do cérebro, e como trabalhar com essas ferramentas utilizando ilustrações e analogias apresentadas no decorrer do processo.

Nós também encontramos inspiração nos recursos de DIY disponíveis *on-line* ou na forma impressa em revistas como a *Make*[5]. Esses recursos fornecem instruções detalhadas para replicar projetos desenvolvidos por artistas, engenheiros, amadores e cientistas. Aprendemos muito por meio da replicação e queremos aplicar os mesmos detalhes essenciais, entusiastas e práticos à neurociência popular. Até o momento, isso faltava nos livros de neurociência. Este livro o ajudará a se tornar um cidadão mais informado do ponto de vista biológico. Queremos que você desconfie na próxima vez que ler um artigo popular publicado pela imprensa sobre um robô ou um *videogame* controlado pela atividade das ondas cerebrais. Você verá, em primeira mão, as limitações das diversas tecnologias da neurociência e será capaz de coletar os dados você mesmo. Quanto mais você compreender o seu cérebro e os seus sinais biológicos, menos você tenderá a acreditar em afirmações absurdas. Munido de um pouco de curiosidade e das ferramentas necessárias para responder aos seus questionamentos, você poderá melhorar o campo da neurociência nessa trajetória.

5 N.R.C.: A *Make magazine* é uma revista publicada pela editora *Media* nos EUA com tiragem bimestral. O conteúdo versa sobre projetos DIY em diversas áreas. O *site* da revista é https://makezine.com/

Cientistas. Se você for um cientista profissional que esteja pensando em trazer a eletrofisiologia para as suas pesquisas ou para o seu programa de ensino, este livro é para você. Você pode tratá-lo como um livro de referência prática. A neurociência possui muitas subdisciplinas, e, em geral, não se consegue adquirir um conhecimento prático em muito mais de uma ou duas. O nosso objetivo é incluir no "pacote" aquelas que não fazem parte da eletrofisiologia. Muitos cientistas possuem um exemplar de *The Art of Electronics*, de Horowitz e Hill, ou de *Fundamentals of Physics*, de Halliday, Resnick e Walker em suas estantes como auxílio às suas dúvidas de engenharia e física. Os neurocientistas podem também ter um exemplar de *Campbell Biology* como uma fonte de referência para os processos biológicos. *Principles of Neural Science*, de Eric Kandel[6], é uma excelente referência para todo o campo da neurociência. Aliás, a neurociência é um campo tão vasto que o livro de Kandel pesa mais do que o próprio cérebro! O nosso objetivo é que este livro seja a sua fonte de referência na sua estante para qualquer coisa relacionada à eletrofisiologia ou aos biossinais. Quais as diferenças entre sinais neurais e sinais cardíacos? Onde os eletrodos devem ser colocados para registrar os ritmos cerebrais? Qual a diferença entre uma onda e um potencial evocado? O nosso livro tem por objetivo ajudá-lo nessas questões, com capítulos que procuram explicar os aspectos básicos utilizando a linguagem mais econômica que pudemos encontrar. Você pode se atualizar em eletrofisiologia em uma semana.

Como se orientar no livro

A maneira de ler este livro fica a seu critério. Você pode ler o livro de capa a capa no conforto da mesa da sua cozinha, acompanhado de um café, para aprender mais sobre as técnicas de investigação em neurociência, ou pode prosseguir e realizar todos os experimentos você mesmo. As seções estão agrupadas por ordem de complexidade neural, de um pequeno número de células nervosas à maneira como grupos dessas células funcionam juntos no sistema nervoso. Isso não significa que o assunto se torne mais complexo. Embora o aprendizado sobre os neurônios seja

---

6 N.E.: A Editora Manole publicou o livro "Mentes diferentes: o que cérebros incomuns revelam sobre nós", de Eric R. Kandel.

um bom ponto de partida, você poderia começar imediatamente a sua inquirição com a fisiologia da musculatura humana ou com os eletrocardiogramas (ECG). Os princípios que você aprenderá a partir de um sistema geralmente têm correlação com outros.

Os capítulos começam descrevendo a fenomenologia de uma determinada área da neurociência. Por exemplo, por que você só se dá conta dos ruídos de fundo, como o da sua geladeira, quando falta energia? Em vez de discutir extensamente a base teórica, preparamos o cenário para o evento principal: o experimento. É aí que você consegue realmente mensurar as coisas. Descreveremos como você mesmo pode elaborar e realizar experimentos de neurociência. Mostraremos dados de nossos experimentos e discutiremos os resultados com você. É importante observar que, sempre que vir um rastreio de dados, estes são derivados de dados reais – não do pincel de um artista. Alguns dados estão corrompidos por um pouco de ruído, outros, por artefatos de ECG, mas será algo semelhante ao que você registraria em casa. Os experimentos servirão para guiá-lo por uma série de questões pois reuniremos um pouco de teoria e até mesmo história. Mantivemos os títulos dos experimentos como aparecem na literatura científica para permitir que você encontre e compare os seus resultados com os de colegas cientistas do campo. Mas a ciência não termina aí. Cada capítulo termina com perguntas abertas para experimentos que você mesmo pode realizar. (Por exemplo, os tempos de reação aumentam com a idade?) Seguiremos essa estrutura em todos os capítulos.

O objetivo deste livro é realizar experimentos! Portanto, projetamos este livro para que ele seja de fácil manuseio. As ferramentas científicas DIY citadas neste livro são comercialmente disponibilizadas pela nossa empresa, a Backyard Brains, mas podem também ser produzidas por você a partir de desenhos esquemáticos e *software* de código aberto. Acrescentamos apêndices para mostrar como você pode construir bioamplificadores a partir do zero utilizando modelos de circuito elétrico e amplificadores operacionais (AOP), e como cuidar de animais de estimação invertebrados. Independentemente da sua abordagem a este livro, no final você estará treinado e versado nas técnicas avançadas de neurociência. Quer você seja um estudante motivado, um pai ou uma mãe educadores, um cidadão curioso ou um cientista profissional, o seu caminho para a descoberta o aguarda.

A ética do uso de animais

Neste livro, registraremos os sinais neurais não apenas de seres humanos, mas também de animais invertebrados. Sempre que trabalhamos com animais em ciência, é importante que primeiro tenhamos uma discussão ética sobre o uso de animais. Embora muitos acreditem não haver um meio-termo quando se trata de utilizar animais em ciência, os cientistas desenvolveram uma estrutura ética que pode ajudar a nortear as decisões sobre o que deve e o que não deve ser permitido ao se trabalhar com animais.

A relação entre os animais e os seres humanos é complexa e vem de, pelo menos, 12.500 anos, quando os cães se tornaram os primeiros animais domésticos (seguidos pelas cabras e ovelhas); além de, claro, os nossos ancestrais hominídeos terem caçado animais para alimentação há, pelo menos, 2 milhões de anos. Em nossa era moderna, existem muitas formas de uso de animais na sociedade e muitas associadas a debates éticos. As opiniões podem variar daquelas que acreditam que os animais devem ter os mesmos direitos e proteções que os seres humanos àquelas que defendem que um uso responsável dos animais deve atender a determinadas necessidades humanas.

Discutiremos primeiro alguns exemplos das principais formas de uso de animais na sociedade, bem como o nível de controvérsia de cada uma. Podemos então examinar como uma estrutura ética poderia ser utilizada para avaliar esses cenários, a fim nos servir de orientação nas tomadas de decisão.

Animais como alimento

Um dos usos mais visíveis dos animais é como alimento. Em geral, estamos tão apartados na sociedade moderna do processo pelo qual os animais vivos são convertidos em alimento que normalmente podemos esquecer (ou ignorar) suas origens. Muitas pessoas argumentam que o consumo de carne é "natural" e, portanto, moralmente neutro, uma vez que outros animais também se alimentam de animais. Entretanto, muitos vegetarianos e veganos argumentam que podemos ter uma dieta saudável sem comer tecido animal, e que é antiético comer animais.

Embora alguns países, como a Índia, tenham fortes tradições culturais e religiosas que promovem o vegetarianismo, não se trata de uma visão compartilhada por grande parte do mundo. Nas culturas ocidentais, mais de 90% de suas populações tendem a comer carne de animais, indicando que o uso de animais para fins de alimentação é geralmente aceito por essas sociedades.

Animais de estimação

Outro uso altamente visível dos animais é como companheiros, ou animais de estimação. Os animais de estimação mais comuns são os gatos e os cachorros, seguidos pelos pássaros e pelos peixes. Embora alguns grupos, como o PETA, defendam que a propriedade de animais de estimação seja oriunda de nosso "desejo egoísta de possuir animais e receber amor deles" e que o fato de possuir um animal de estimação "causa um sofrimento imensurável", essa não parece ser uma visão amplamente adotada. Em geral, mesmo aqueles que não possuem animais de estimação não têm problemas com cães e gatos, visto que esses animais passaram por profundas transformações a partir de seus ancestrais (o lobo e o gato selvagem africano). Considerando-se o número de donos de animais de estimação, supõe-se que a sociedade seja razoavelmente tolerante em relação ao uso de animais como tal.

Animais para trabalho

Antes da Revolução Industrial, que trouxe a invenção das máquinas a vapor e gasolina, grande parte do trabalho pesado era realizada por animais, moinhos de vento ou rodas d'água. Ainda hoje, cavalos e bois são ativamente utilizados nas fazendas e sítios em todo o mundo. Os cães são utilizados nas áreas de segurança e policiamento (cães de guarda, unidades K-9 e cães farejadores em regiões de fronteira). Os cães são de grande assistência a pessoas com deficiência visual, e alguns são capazes de alertar para episódios de epilepsia decorrentes de convulsões iminentes. Os cavalos permitem aos policiais uma visão privilegiada e capacidade de manobra em meio a multidões.

Há quem possa argumentar que os animais não estão realmente "trabalhando", uma vez que não tiveram escolha. Ninguém lhes "perguntou" se eles gostariam de trabalhar, de modo que, na realidade, o trabalho animal está mais intimamente relacionado ao trabalho escravo. Entretanto, essa visão não é compartilhada pela maioria da população, que em geral concorda que, se os animais tiverem alimentação, abrigo e cuidados adequados, o trabalho pode ser um arranjo mutuamente benéfico tanto para o animal quanto para o ser humano.

Animais para pesquisa

Os animais são também amplamente utilizados nas pesquisas e investigações biomédicas. Um dos animais de pesquisa mais famosos foi Laika, a cadela soviética que se tornou o primeiro animal a orbitar a Terra. Esses experimentos espaciais iniciais com o uso de animais foram conduzidos com a finalidade de testar se um passageiro vivo conseguiria sobreviver ao lançamento em órbita e suportar o ambiente de microgravidade. Os cães foram utilizados também nos experimentos de Pavlov sobre a digestão, os quais levaram à teoria do condicionamento clássico. Porcos e outros animais criados em fazendas são geralmente utilizados como substitutos aos seres humanos nos testes de dispositivos médicos. Macacos são utilizados nos testes de novas vacinas e de tratamentos de doenças por sua grande semelhança com humanos.

A visão da sociedade em relação ao uso de animais para o estudo da fisiologia humana e como forma de aliviar as aflições humanas continua sendo algo complicado do ponto de vista filosófico. Alguns acreditam fortemente que nunca se deve fazer experimentos com animais. Muitos são de opinião que isso somente deveria ser feito quando não houvesse nenhum outro modelo alternativo e se a pesquisa tiver por finalidade beneficiar as aflições humanas. Diante das complexidades éticas, todas as universidades e instituições de pesquisa possuem um Comitê de Ética no Uso de Animais (CEUA), em que um quadro de especialistas analisa e aprova, desaprova ou modifica todos os experimentos propostos que envolvam o uso de animais vertebrados.

Animais na educação

Por fim, discutimos a ética relativa aos experimentos contidos neste livro: o uso de animais na educação. As aulas de biologia nos últimos 100 anos utilizaram animais criados em cativeiro (sapos, fetos de porcos) como auxílio ao ensino de fisiologia e anatomia. Os estudantes universitários e do ensino médio também trabalham com participantes vivos para fins de experimentos que não causem prejuízos ao animal. Por exemplo, ratos são utilizados no estudo do aprendizado e da memória, solucionando labirintos e quebra-cabeças mecânicos para a obtenção de comida. Insetos são utilizados para ensinar o fenômeno da metamorfose, e, neste livro, para ensinar sobre o sistema nervoso.

Nas últimas décadas, tem havido um movimento no sentido de proibir o uso de animais na educação. Embora algumas escolas tenham abandonado totalmente a prática, muitas consideram que o uso de animais tem claros propósitos científicos e educacionais na sala de aula. As associações de classe em países como os EUA[7], apoiam o uso de animais na educação, uma vez que a interação com organismos vivos é um dos métodos mais eficazes para o alcance dos objetivos educacionais na biologia.

Neste livro, o nosso sentimento geral, tanto do ponto de vista ético quanto legal, é de que os estudantes não devem fazer quaisquer experimentos invasivos em vertebrados. Nós nos limitaremos a usar invertebrados (animais sem coluna vertebral, como os insetos), os quais geralmente possuem um sistema nervoso menos complexo e são mais robustos aos experimentos. Em nossos experimentos com invertebrados, procuramos desenvolver "fórmulas de sobrevivência", nas quais o animal pode continuar a ter uma existência normal de alimentação e procriação após a conclusão do experimento. Ao projetar nossos experimentos com animais para a educação, tentamos ser o menos invasivos possível, trabalhando com o animal "mais simples" possível (com a menor quantidade de neurônios), e com o máximo de efeito de aprendizagem para o estudante.

Uma estrutura ética para o uso de animais

Ao determinar se é ético usar animais em uma determinada situação, consideramos importante pensar sobre a "relação custo-benefício", ou seja, qual o custo para o animal em relação ao benefício para a sociedade.

---

7 N.R.C.: Na obra original, as associações citadas foram *National Science Teaching Association* (Associação Nacional de Professores de Ciências) e *National Association of Biology Teachers* (Associação Nacional de Professores de Biologia). No Brasil, a Lei n. 11.794/2008, conhecida como Lei Arouca, criou o Conselho Nacional de Controle de Experimentação Animal (Concea), sob administração do Ministério da Ciência e Tecnologia, para regulamentar o uso humanitário de animais para ensino e pesquisa científica.

Não se trata de um cálculo numérico, mas de um parâmetro para o pensamento filosófico. O ponto de decisão sobre o momento em que o custo excede o benefício sempre será subjetivo, mas permitirá uma discussão ponderada da ética.

Em cada um dos usos de animais discutidos até aqui, é possível situar o custo para o animal em termos gerais. Por exemplo, para fins de alimentação e geralmente nas pesquisas científicas, o custo para o animal é muito alto, o que significa a sua morte. No caso de animais de estimação, o custo parece ser bastante baixo. Os animais utilizados no trabalho poderiam variar de nível baixo a médio, dependendo da tarefa.

O benefício para a sociedade pode também ser colocado em uma escala. Os seres humanos precisam se alimentar, e os animais fornecem muitas calorias; portanto, o benefício é alto – embora isso possa mudar com o tempo. Com os esforços no sentido de produzir carne artificial, utilizando plantas ou cultivando tecidos musculares em laboratórios, poderemos um dia chegar à conclusão de que há pouco benefício em comer animais vivos em relação às alternativas. O valor para os seres humanos que possuem animais de estimação é alto. Nas pesquisas com animais, o sofrimento humano aliviado dos estudos com animais oferece um grande benefício à sociedade.

De um modo geral, podemos começar a discutir o que é ético comparando os dois lados: os custos e os benefícios. Por exemplo, a propriedade de animais de estimação oferece um alto valor aos seres humanos com baixo custo para o animal. Isso sugere por que possuir um animal de estimação não é um tipo de uso de animais muito controverso. As pesquisas médicas oferecem muitos benefícios, mas a altos custos para o animal. Os conselhos de avaliação ética das universidades e instituições de pesquisas avaliam cuidadosamente cada procedimento experimental para determinar se esses procedimentos são justificáveis ou se há uma maneira de substituir, reduzir e aprimorar os experimentos com animais.

A ética do uso de animais neste livro

Ao elaborar este livro, levamos em consideração essa estrutura ética. Avaliamos cuidadosamente o custo para o animal em nosso procedimento experimental mais comum, a remoção da perna de uma barata. Sabemos que, no hábitat natural, a perna ou a antena de um inseto geralmente está faltando, e que eles desenvolveram uma maneira de regenerá-la. A perna de uma barata pode ser facilmente removida, o que constitui a hipótese de ser um mecanismo de defesa quando o inseto é agarrado por um predador. Examinamos criteriosamente as nossas técnicas de sala de aula e documentamos as altas taxas de sobrevivência e regeneração da perda da barata em um experimento revisado por pares:

- Marzullo, T. C. "Leg Regrowth in *Blaberus discoidalis* (Discoid Cockroach) following Limb Autotomy versus Limb Severance and Relevance to Neurophysiology Experiments." *PLOS ONE*, 11, no. 1 (2016): e0146778. http://doi.org/10.1371/journal.pone.0146778.

Portanto, o custo para o inseto parece baixo, considerando as baixas taxas de sobrevivência e recuperação, mas quais os benefícios de nossos experimentos educacionais em neurociência para a sociedade? De acordo com a Organização Mundial da Saúde, 20% do mundo será afetado por um distúrbio mental ou neurológico em algum momento de suas vidas, e nós não conhecemos nenhum tipo de cura. São necessárias pesquisas básicas em neurociência para que se avance o entendimento sobre os distúrbios neurológicos. A maioria das pessoas não possui sequer um entendimento básico sobre o funcionamento do cérebro. Considerando--se a necessidade da realização de importantes pesquisas em neurociência no futuro e a necessidade de se esclarecer o público sobre a neurociência, entendemos que o benefício para a sociedade é alto.

Uma vez que o custo para o animal é baixo, embora o benefício para a sociedade seja alto, concluímos, portanto, que os experimentos com animais descritos neste livro são éticos. Há quem possa ter outras opiniões sobre o assunto, de modo que é sempre recomendável que se tenha primeiro uma discussão ética antes de utilizar animais em um contexto de sala de aula.

Ao realizar as técnicas cirúrgicas apresentadas neste livro, devemos anestesiar os animais. Na verdade, não sabemos se os insetos sentem dor durante os procedimentos, mas partimos do pressuposto que sim e procuramos minimizar esse desconforto. Não sabemos se o inseto sente dor ao acordar após a cirurgia. Tudo o que sabemos é que a ferida se fecha, que as baratas estão andando em questão de horas, comendo alface, bebendo cristais de água e gerando mais baratas. Elas não agem ou se comportam de modo diferente de outras baratas. Criamos, bem como incentivamos que os cientistas cidadãos adotem o mesmo procedimento, uma comunidade de aposentadoria para baratas que doaram uma perna ou uma antena para a ciência. Essas baratas podem procriar imediatamente para experimentos futuros. Ver no Apêndice 1 uma discussão sobre como abrigar e cuidar de suas baratas.

Concluímos esta conversa com uma nota para os futuros historiadores que, por acaso, venham a se deparar com este livro quando estiverem pesquisando sobre ética do século XXI no que concerne a experimentos com animais. À época da elaboração deste livro, os nossos sistemas de inteligência mecânica ainda não dominavam a biologia. Não existem atualmente substitutos para a experimentação; não existe nenhum modelo que possamos utilizar para saber como um sistema biológico ou neural complexo irá funcionar. Talvez esse dia ainda chegue, e nós acolheremos prontamente a sua chegada.

PARTE I

NEURÔNIOS

2
Ouça e veja um neurônio

Para compreender um sistema biológico tão complexo quanto o cérebro, é bom começar com as unidades estruturais básicas do cérebro: a célula. As células formam a estrutura funcional que compõe todos os organismos vivos. O cérebro contém muitos tipos diferentes de células que lhe fornecem sangue, proteção e estrutura, mas nós nos concentraremos em uma célula com várias propriedades únicas: o *neurônio*. Trata-se das células capazes de enviar mensagens seja a partir dos olhos, o que nos permitem enxergar, ou para que nossos músculos se movimentem. Mas como essas mensagens são enviadas? Como essas mensagens codificam os sentidos ou realizam movimentos? Começaremos com um experimento.

O nosso cérebro é formado por cerca de 80 bilhões de neurônios (isso significa 80.000.000.000), todos enviando mensagens e trabalhando juntos para formar a nossa consciência. E embora seja possível registar esses sinais nos seres humanos, você teria que espetar finas agulhas no seu cérebro ou em seus nervos para ter acesso aos neurônios. Entretanto, podemos aproveitar a evolução para aprender sobre nós mesmos a partir de uma perspectiva mais prática. Há cerca de 500 milhões de anos, o sistema nervoso de nossos ancestrais (época em que ainda éramos peixes) se repartiu em um cérebro e uma estrutura semelhante a uma espinha dorsal. Esses sistemas nervosos antigos se mantiveram bem conservados durante a evolução, o que significa que os animais originários desses primórdios tendem a possuir neurônios muito semelhantes. Todos os animais existentes na face da Terra possuem neurônios aproximadamente do tamanho dos nossos e agem de maneiras semelhantes aos nossos. Não é o tamanho do neurônio que nos faz diferentes – é o número de nossos neurônios. Neste livro, aproveitaremos esse fato examinando uma ampla variedade de animais. Muitos podem ser encontrados em nosso próprio quintal ou em lojas de *pets* como ração.

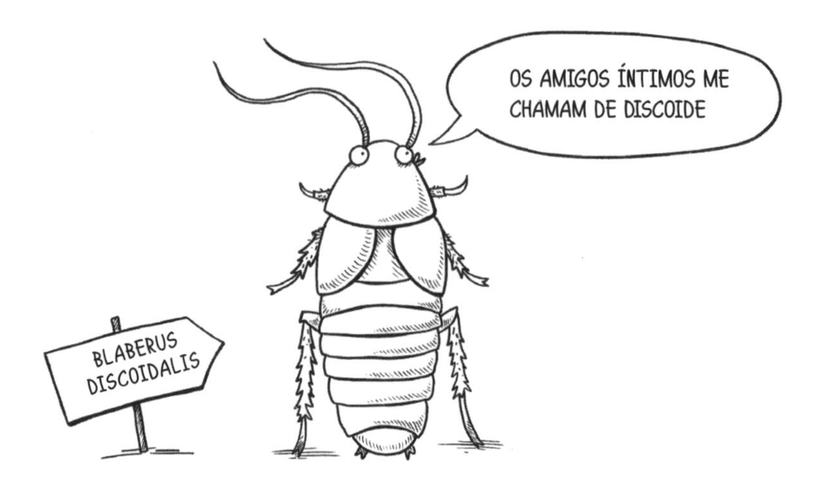

Em nosso primeiro experimento, utilizaremos uma barata (*Blaberus discoidalis*). As baratas possuem cerca de 1 milhão de neurônios (80.000 vezes menos do que nós), mas esses neurônios dão origem a alguns comportamentos semelhantes, como sentir, comer e correr. Ao compreender o sistema nervoso de uma barata, estamos, na verdade, começando a compreender a nós mesmos.

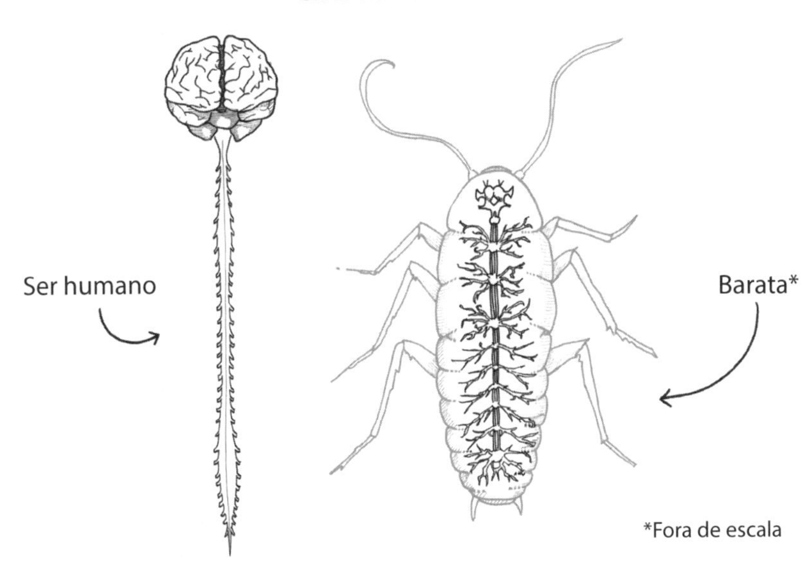

Vamos então começar tentando detectar essas mensagens ocultas enviadas pelos neurônios. Desde o trabalho de Luigi Galvani na década de 1780, os cientistas sabem que existe uma relação entre eletricidade e movimento muscular (mais detalhes adiante). Considerando-se que a eletricidade parece importante, tentaremos primeiro detectar qualquer atividade elétrica proveniente do interior da barata. Para tal, utilizaremos um instrumento científico chamado bioamplificador.

Os bioamplificadores nos permitem medir a eletricidade em tecidos vivos. Como em muitos casos na ciência, precisamos ampliar as coisas para estudá-las, e é exatamente isso que um bioamplificador faz. Os telescópios tornam planetas distantes suficientemente grandes para que possamos observá-los, os microscópios nos permitem enxergar pequenas células, e os aparelhos de PCR[1] ampliam segmentos de DNA para que possamos detectá-los. Um bioamplificador aumenta pequenas correntes de eletricidade para que possamos vê-las e ouvi-las. Nesses experimentos, utilizaremos um bioamplificador DIY de código aberto chamado SpikerBox.

1 N.R.C.: Do inglês *Polymerase Chain Reaction*.

É possível encomendar um pela internet ou, caso prefira construí-lo você mesmo, veja as instruções no Apêndice 2. O eletrodo do SpikerBox possui duas agulhas de metal que permitem o fluxo de eletricidade para uma série de amplificadores, aumentando-o cerca de 1.000 vezes, o que nos permite ouvir a eletricidade através de um alto-falante ou vê-la por meio de um dispositivo chamado osciloscópio.

Experimento: registrando picos de eletricidade

Este experimento tem por objetivo efetuar registros a partir do sistema nervoso de uma barata viva. Como a barata não ficará deitada imóvel sobre a mesa por tempo suficiente para que você possa realizar o experimento, precisamos nos "virar" com uma porção menor (e menos móvel) do sistema nervoso: a perna. Para tal, realizaremos um pequeno procedimento pare remover um membro da barata. Como estamos utilizando um ser vivo, precisamos ser respeitosos. Embora não saibamos se as baratas sentem dor, devemos partir do princípio de que elas sentem e procurar minimizar o desconforto, anestesiando o inseto antes do procedimento, após o qual, ele irá se recuperar em casa e regenerar sua perna.

Vamos começar anestesiando o inseto. Selecione uma barata de seu frasco (recomenda-se usar luvas) e coloque-a em um copo de água com gelo. As baratas têm sangue frio, de modo que o seu corpo adquirirá rapidamente a temperatura da água ao seu redor. À medida que a barata se esfria, os seus sistemas internos também se desaceleram e, lentamente, tornam-se anestesiados. Deixe o inseto na água com gelo por alguns minutos até que ele pare de se mexer. A barata não se afogará durante esse processo em razão da taxa metabólica reduzida e da tensão superficial que não permite que a água penetre nos poros respiratórios do corpo (chamados *espiráculos*).

Remova a barata anestesiada do copo e coloque-a deitada de costas sobre uma superfície plana. Agora está na hora da cirurgia. Puxe delicadamente uma das pernas do inseto, segurando-o junto ao corpo. Não se preocupe, a perna foi feita para se quebrar facilmente nessa articulação (como a cauda de um lagarto) e se regenerará, recuperando o seu tamanho total em 125 dias. Você pode também cortar a perna fora utilizando uma tesoura, mas nós descobrimos que, puxando-a, a perna se regenera mais rápido.

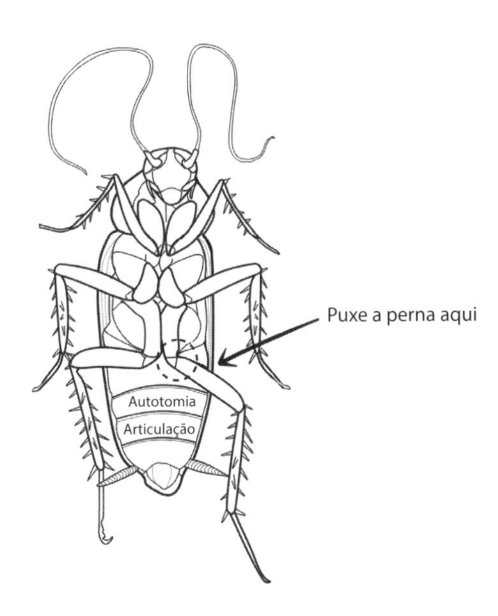

Devolva a barata ao seu frasco para que ela se recupere. Ela começará a despertar e se mover lentamente dentro de alguns minutos. Cerca de uma hora depois, o inseto estará correndo e se comportando normalmente.

Coloque a perna que você removeu sobre um pedaço de cortiça ou de pau-de-balsa.

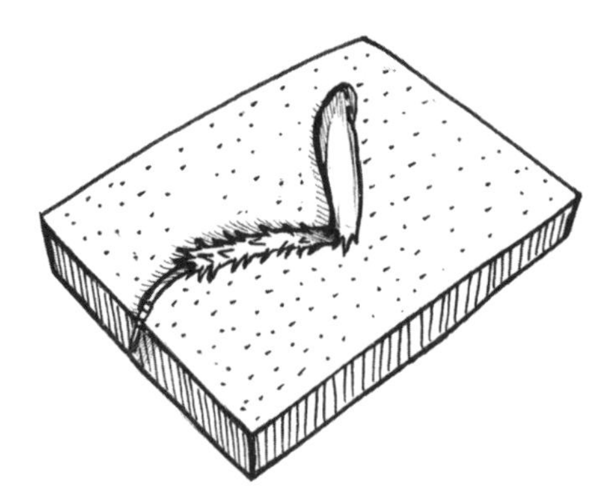

Insira os dois eletrodos na perna, empurrando-os para dentro do fundo de cortiça/pau-de-balsa. A colocação não importa muito nesse momento, portanto, apenas estique a perna e insira os eletrodos no meio da perna em dois pontos diferentes. Depois de colocados, você pode conectar os fios ao SpikerBox.

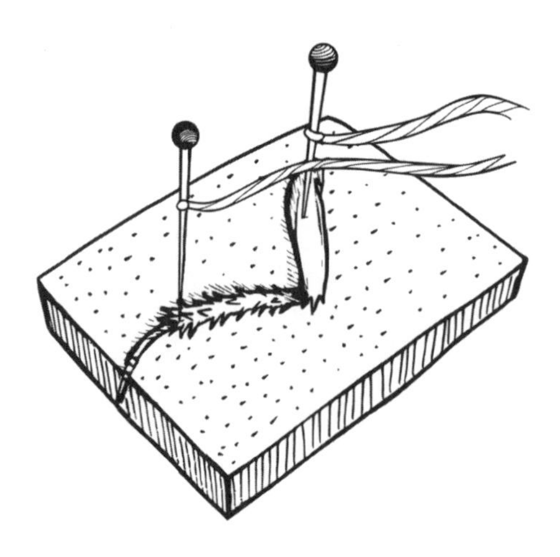

Ligue o SpikerBox e ouça a saída elétrica ampliada passando pelo alto-falante. Ouça com atenção. Você deve começar a ouvir alguns padrões de ruído: ruídos como de pipoca estourando, ou talvez o barulho da chuva batendo em um telhado. Parabéns! Você agora está ouvindo as mensagens elétricas do sistema nervoso! Agora vamos tentar ver como são essas descargas elétricas.

Se o seu celular ou computador tiver uma entrada para microfone, você poderá facilmente visualizar o sinal elétrico utilizando o nosso visualizador de dados de código aberto, o SpikeRecorder. Conecte a saída do SpikerBox ao seu celular ou computador.

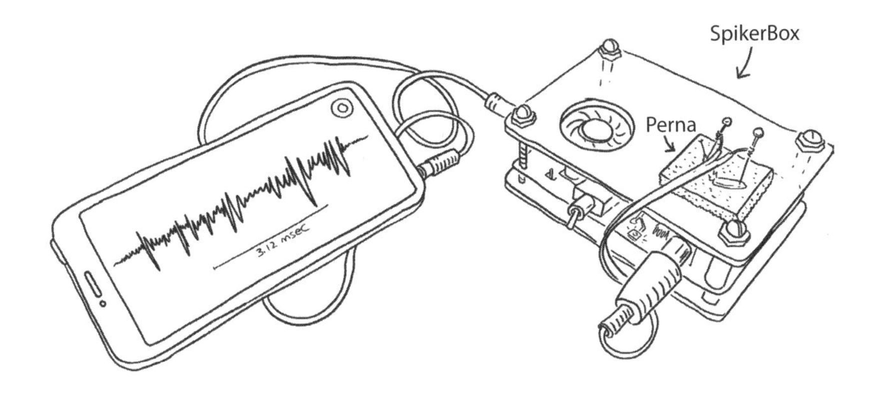

Na tela, podemos agora ver como são esses estalos. Há muito poucos picos de eletricidade (ver as setas), os quais são conhecidos como *"spikes"* e constituem o que o sistema nervoso utiliza para transmitir mensagens. Você pode observar que esses picos se apresentam sob diversos tamanhos e formas. Agora, nós não conseguimos ler o que os picos significam no momento... estamos apenas entreouvindo uma conversa aleatória entre os neurônios.

Vamos explorar um pouco mais. Os picos estão passando relativamente rápido, rápido demais para que possamos observá-los bem. Por isso, utilizaremos uma técnica para interromper a ação durante o pico, o que nos permitirá ver o que está acontecendo. Para isso, procure e selecione o modo de visualização "limiar" no SpikeRecorder. Essa ação aciona um gatilho que pausará o pico toda vez que a voltagem ultrapassar um determinado limiar. Ajustando o limiar em torno dos picos, você pode aumentar a imagem e ver um pico individual em toda a sua plenitude.

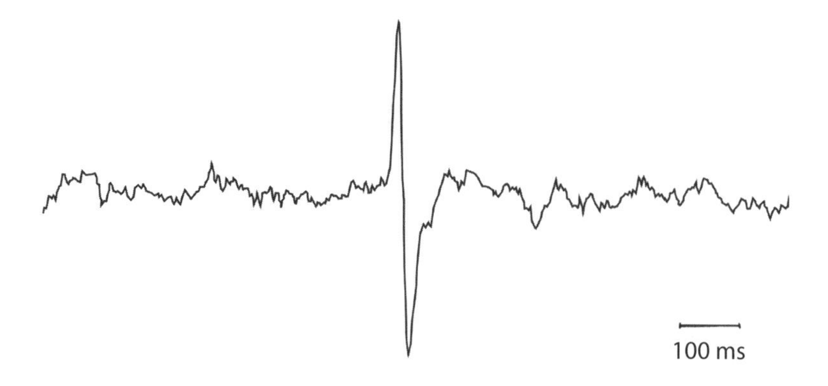

Este é o pico: a fonte principal da eletrofisiologia. O pico é a unidade básica de processamento de informações do sistema nervoso por meio da qual todos os neurônios se comunicam. Trata-se de uma moeda comum do cérebro, o 'euro' dos neurônios, para o qual todos os nossos sentidos são convertidos, todos os nossos pensamentos são processados e todos os nossos músculos se movimentam.

O pico

Dada a importância dos picos, seria bom conhecer um pouco mais sobre eles. Podemos começar primeiro pelo nome. Um "pico" é um nome coloquial que os neurocientistas utilizam para um "potencial de ação". Você pode ouvir o cientista usar as palavras "pico", "potencial de ação" ou "impulso elétrico" de forma intercambiável ao discutir o fenômeno que acabamos de observar, mas "pico" é o mais comum, por isso, vamos ficar com ele.

Os picos são transmitidos pelos neurônios, as células do cérebro. Vamos examinar um neurônio e o que ele faz diferente de outras células.

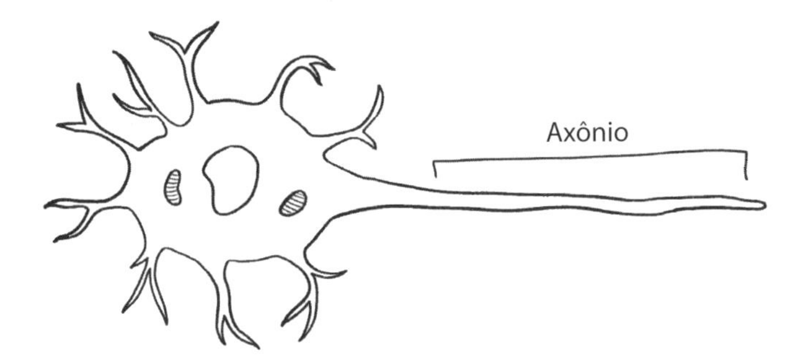

Superficialmente, um neurônio é como qualquer outra célula do corpo, com um núcleo que contém o DNA e outras estrutura celulares. O que começa a singularizá-lo são as estruturas que se ramificam a partir do corpo da célula, denominadas "prolongamentos". Existe um determinado prolongamento, chamado axônio, que é considerado a "saída" do neurônio. É por esse axônio que os picos elétricos se deslocam para fora do corpo da célula.

Uma pergunta que você pode fazer é: Por que os neurônios usam eletricidade? O uso de eletricidade pode parecer estranho, considerando-se que muitos sistemas biológicos, como as bactérias, utilizam elementos químicos para se comunicarem. Embora funcione bem, esse método é limitado pela velocidade em que esses elementos podem se difundir.

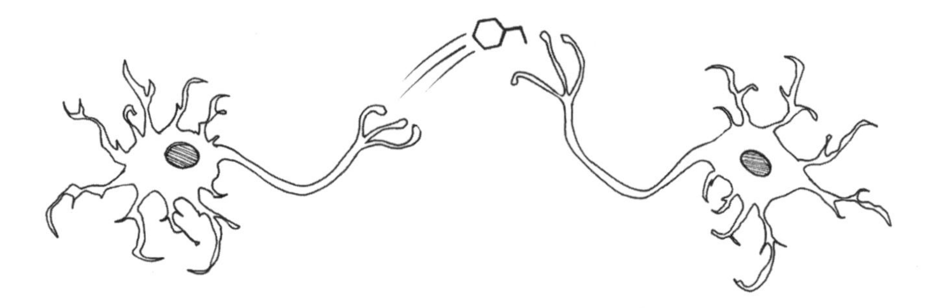

A propagação química é lenta para longas distâncias. Pense em quanto tempo um odor leva para se deslocar de um lado da sala para outro. Quando você pica uma cebola, quanto tempo leva para que uma pessoa sentada na sala sinta o cheiro e comece a lacrimejar? Demora! Essa velocidade não funcionaria bem no cérebro. Se você estivesse prestes a ser atropelado por um ônibus na rua, você não iria querer que seu olho propagasse uma mensagem química que lhe dissesse para pular fora do caminho. Você precisaria de um sinal tão rápido quanto um raio que fizesse com que você agisse em uma fração de segundo. É aí que entra a eletricidade: o seu sistema nervoso utiliza a eletricidade, que é muito mais rápida do que os elementos químicos.

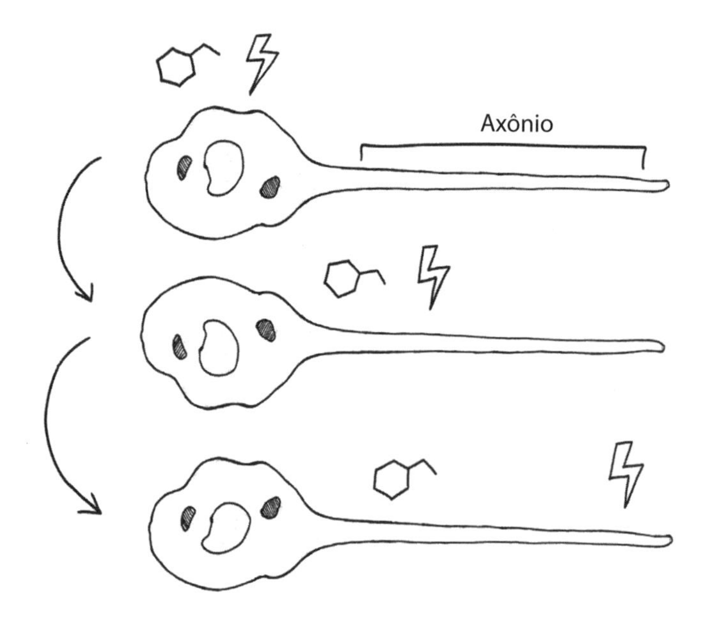

Mas isso não significa que o nosso cérebro seja inteiramente elétrico. Se a eletricidade fosse o único sinal usado no cérebro, as coisas poderiam fugir do controle com relativa rapidez. Não haveria nenhum equilíbrio. Todas as correntes elétricas positivas dos picos se acumulariam, e logo as células alcançariam os seus níveis máximos. Para evitar isso, os neurônios quase sempre utilizam elementos químicos para se comunicarem entre si. Os elementos químicos permitem que as células aumentem ou diminuam os seus potenciais de voltagem (dependendo do tipo de elemento químico recebido). Mas, como observamos anteriormente, a propagação química é lenta. Para acelerar as coisas, os neurônios se aproximam incrivelmente uns dos outros, de tal modo que as mensagens químicas tenham que percorrer apenas curtas distâncias (20 nm ou 0,00000002 m). Esse espaço em que os neurônios se encontram é chamado de sinapse. A propagação química possui uma estranha propriedade que faz com que isso aconteça rapidamente em curtas distâncias, porém lentamente em longas distâncias. Por exemplo, se uma mensagem química, digamos, de glutamato, tivesse que se deslocar por um axônio, ela levaria mais de 16 minutos para percorrer 1 mm. Mas a propagação até mesmo através de uma grande sinapse (50 nm) até os seus músculos pode acontecer em apenas 2,5 us (0,0000025 s). Na realidade, o espaço entre os neurônios é tão pequeno que, embora já existisse por hipótese no início da década de 1900, foi somente com o uso do microscópio eletrônico na década de 1950 que os cientistas realmente conseguiram visualizá-lo.

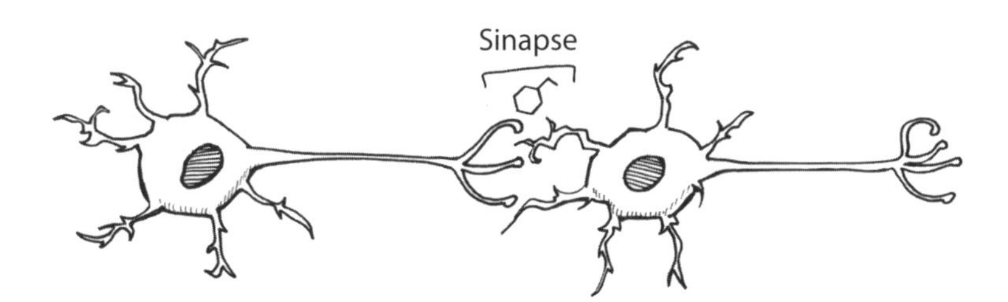

É o tipo de mensagem química enviada através da sinapse que determina o que acontecerá com a voltagem no interior da célula receptora. Os neurônios utilizam apenas algumas dessas mensagens químicas, chamadas neurotransmissores. Essas mensagens transmitem informações à célula seguinte sobre o ganho ou a perda de sua voltagem.

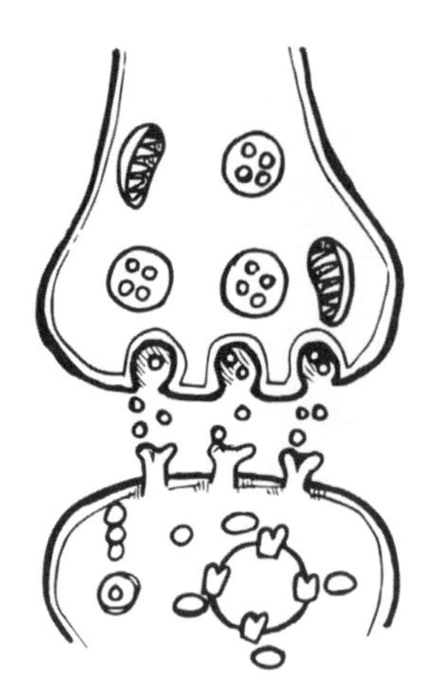

Quando um pico se desloca por um axônio e alcança uma sinapse, a eletricidade provoca a liberação de uma pequena quantidade de neurotransmissores sobre sua célula vizinha, alterando ligeiramente a voltagem. Se aumentar o suficiente, a voltagem fará com que um pico percorra o seu axônio, e o ciclo continua, passando ao neurônio seguinte.

Portanto, um pico é isso..., mas o que significa um pico? E como um único pico pode carregar tanta informação? Continuaremos utilizando a nossa perna de barata para começar a responder essas perguntas nos capítulos seguintes.

Perguntas de revisão

1. O que aconteceria se você tentasse esse experimento com outro inseto – digamos, um gafanhoto ou um besouro?
2. A perna da barata tem que estar "viva" para registrar os picos? O que acontece se você efetuar os registros da perna alguns dias após a cirurgia?
3. Vimos que a água com gelo "nocauteou" a barata. Isso ocorre por causa do seu sistema nervoso? O que aconteceria com os picos se você resfriasse a perna da barata? Tente colocar a perna em um refrigerador por alguns minutos e depois efetue o registro. O que acontece? Como isso está relacionado à anestesiologia?
4. Por que importar-se com a barata? Por que não podemos efetuar os registros diretamente a partir dos neurônios humanos?

3

Neurônios do tato

As sensações do toque são muito importantes, tanto para nós, seres humanos, como para as baratas. Utilizamos o *feedback* tátil de nossos dedos para nos orientar enquanto comemos, desenhamos, escrevemos e digitamos. As baratas, também, são altamente sensíveis aos estímulos táteis. Elas reagem muito rapidamente a mudanças sutis no ambiente em torno delas para escapar de seus predadores, inclusive dos seres humanos. Elas estão sempre alertas para o perigo, como passos se aproximando ou uma porta se abrindo, e reagem com muita rapidez.

Uma das razões pelas quais as pessoas acham as baratas repugnantes é que elas estão entre os insetos mais rápidos do mundo. Elas conseguem percorrer uma distância equivalente a 15 vezes o comprimento de seu corpo por segundo (tão rápido quanto um guepardo), o que equivaleria a um humano correr a 100 km/h. No momento em que você liga as luzes da sua cozinha à noite, as baratas já pressentiram a sua aproximação e já estão fugindo a toda velocidade em busca de segurança. Mas como, exatamente, o cérebro da barata "sabe" quando há uma brisa inesperada no ar ou uma vibração no solo? Vamos examinar com um pouco mais de profundidade a sensação do toque.

Experimento: neurônios somatossensoriais

Este experimento tem por objetivo entender como os neurônios existentes na perna da barata codificam informações táteis. Utilizaremos o método de preparação da nossa perna de barata do capítulo anterior e somente agora examinaremos as respostas com um pouco mais de atenção. Para este experimento, vamos colocar os dois pinos um pouco mais próximos um do outro na perna do inseto.

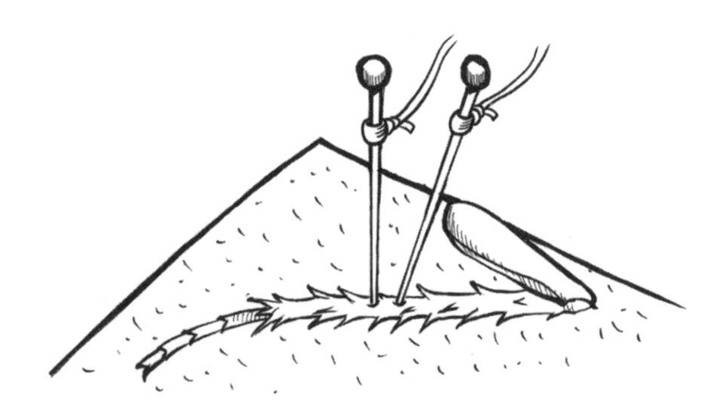

Quanto mais aproximamos os pinos, menor se torna a nossa área de registro. Para este experimento, queremos efetuar registros a partir de uma pequena área para que possamos observar os picos de um número menor de neurônios. Mas não próximos demais! É importante que os pinos de metal não se toquem, sob pena de entrarem em curto e não conseguirem efetuar o registro. Com os pinos colocados, ligue o SpikerBox e comece a ouvir a atividade elétrica. Poderá haver silêncio ou você poderá ouvir alguns claros estalidos aleatórios provenientes dos picos. Mas vamos ver o que acontece quando produzimos uma leve lufada de vento soprando a perna.

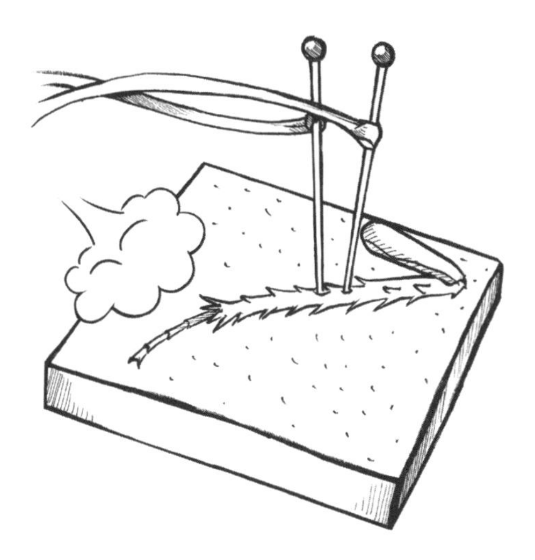

Você deverá observar que, a cada vez que você sopra, o som forte se torna mais alto. Abra o seu aplicativo SpikeRecorder novamente e vamos ver o que está acontecendo. Diminua a imagem um pouco para que possamos observar cerca de 10 segundos do tempo. Sopre a perna algumas vezes mais e observe quaisquer efeitos.

Observando atentamente, você notará que o som que você está ouvindo ao soprar é uma saraivada de picos. O que está acontecendo? Se você conseguisse visualizar o interior da perna, você veria que há um neurônio vivo dentro dos espinhos da barata que são sensíveis ao toque.

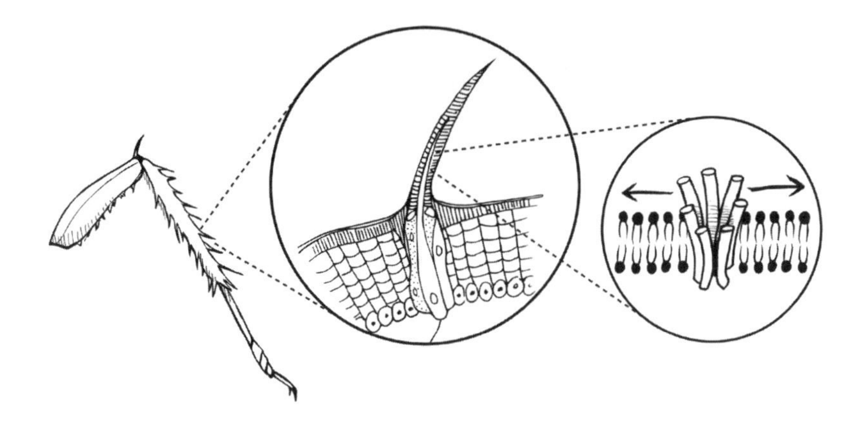

À medida que o vento exerce pressão contra o espinho, este abre levemente pequenos canais na superfície do neurônio, permitindo a entrada de alguns íons de sódio (Na+) com carga positiva, o que altera a voltagem na célula e, ao alcançar o seu limiar, dispara um pico. O axônio que transmite o pico acabará por fazer uma sinapse com um neurônio que irá até o cérebro, alertando a barata que algo está acontecendo.

Agora você deve estar se perguntando... Como esse neurônio ainda está funcionando? Afinal, ele se separou do corpo. As células da perna não deveriam morrer? Por que os picos continuam a ser transmitidos? A resposta para essas perguntas é que o neurônio pensa que está tudo bem. As baratas respiram por meio de pequenos espiráculos existentes em sua pele. Quando a perna é removida, forma-se um pequeno furo que ainda permite a fácil difusão do oxigênio e do dióxido de carbono. Desse modo, o neurônio pode continuar cumprindo a sua função, enviando mensagens ao detectar vibrações. Mas, ao final, se esgotará, embora possua reservas de energia suficientes para durar dias. Essa propriedade torna essa preparação da perna da barata muito útil para longas pesquisas. Quando as posições dos pinos se esgotam, você pode simplesmente deslocá-los a um novo local para continuar.

Experimento: somatotopia

De volta ao experimento. Vamos explorar mais detidamente essa sequência de picos. Em vez de soprar a perna, seremos um pouco mais cuidadosos em relação a como estimular os neurônios do tato.

Novamente, devemos manter os pinos dos eletrodos próximos uns dos outros (mas não se tocando) para que a ocorrência espontânea de atividade dos picos seja quase inexistente. Em seguida, pegue um palito de dentes e toque delicadamente os espinhos da perna. Você poderá notar que, ao tocar a maioria dos pelos, não haverá efeito algum sobre o registro, mas você poderá acabar encontrando um pelo que provoque alguma atividade de pico. Observe a rapidez com que o som dos picos chega aos seus ouvidos quando você toca na perna. Parece instantâneo! Os neurônios são capazes de responder e disparar rapidamente. Se continuar explorando mais espinhos, você poderá notar que diferentes espinhos produzem diferentes sequências de picos com diferentes tamanhos.

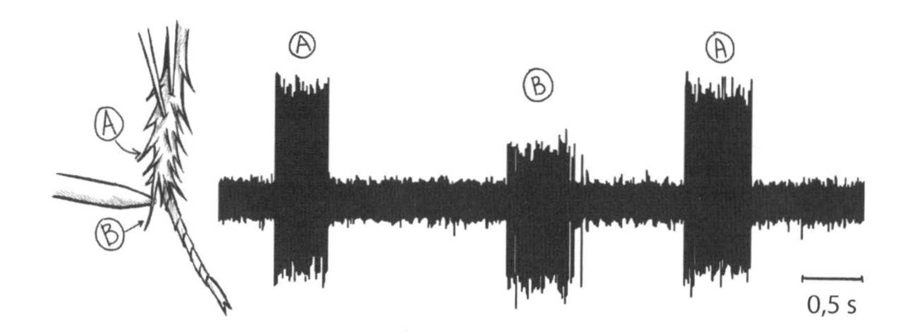

Você pode ir para a frente e para trás e tocar dois pelos diferentes para obter duas formas únicas de pico. Você notará que os picos do mesmo pelo sempre tendem a ser da mesma altura e forma. Isso ressalta um fato interessante sobre os picos: um potencial de ação quase nunca muda a sua forma, repetindo um pico várias vezes em cópias quase exatas. Portanto, se você vir picos de diferentes tamanhos ou formas em seus registros, é uma boa pista de que você está detectando picos provenientes de múltiplos neurônios.

Estamos também começando a ver como os toques em diferentes partes do corpo podem ser diferentes uns dos outros. Um neurônio localizado no cérebro de uma barata que esteja recebendo as mensagens mostradas aqui é facilmente capaz de dizer a diferença entre os dois pelos. Chamamos de "somatotopia" essa correspondência entre o local receptor do corpo e os neurônios do cérebro.

A disposição espacial do seu corpo possui uma organização extremamente semelhante no seu cérebro. Por exemplo, você possui receptores de toque nos seus dedos e na palma das mãos que criam sinapse com neurônios que vão para partes específicas da medula espinal.

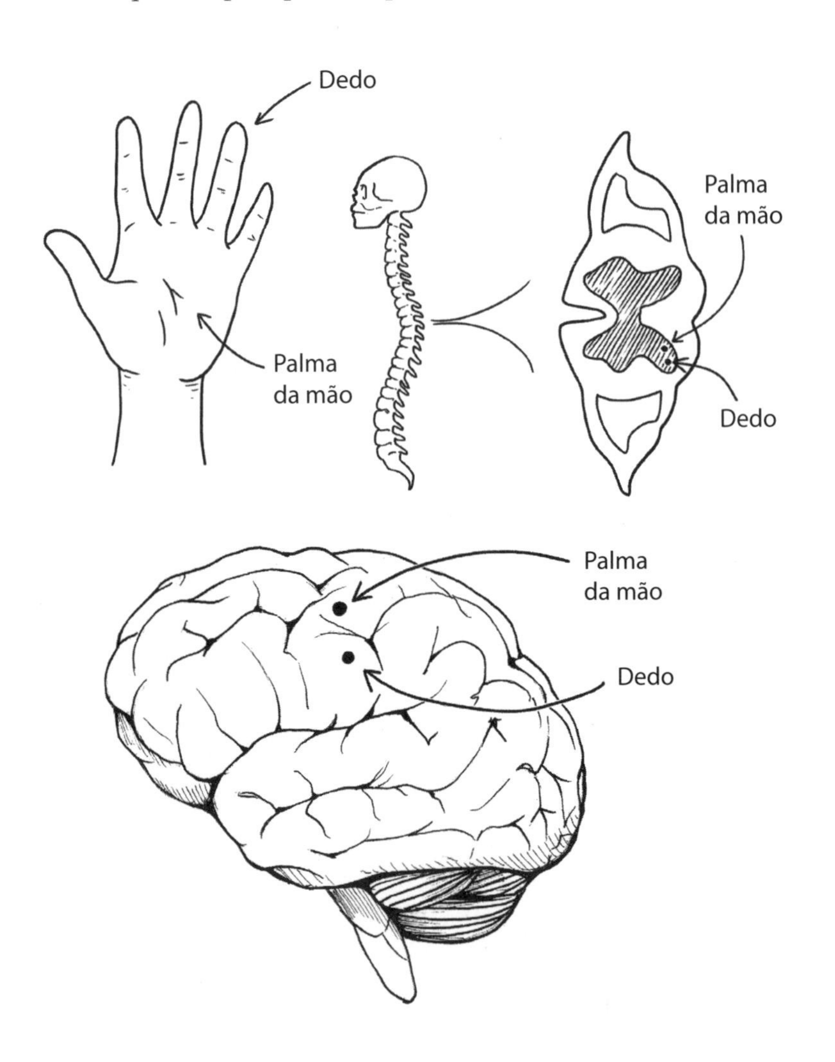

Esses neurônios então criam sinapse com partes específicas do neocórtex (a parte enrugada do cérebro) em uma área chamada córtex somatossensorial primário (S1). As células do S1 abrangem todo o seu corpo, mas estão dispostas de forma um pouco diferente do que se pode esperar. Os neurônios que respondem aos dedos dos pés vêm primeiro, subindo depois pelo seu corpo e ramificando-se para os seus braços.

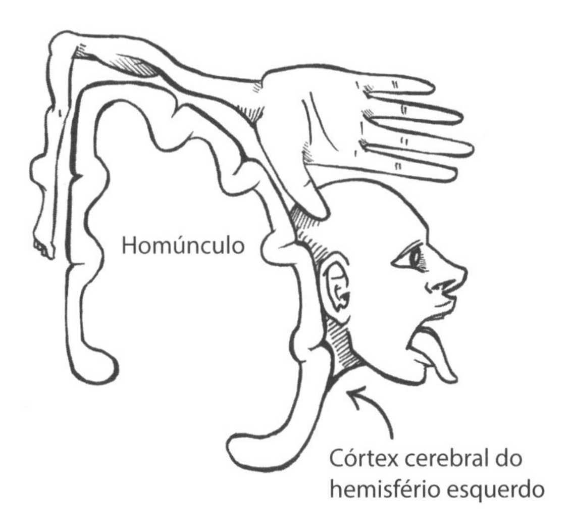

Os neurônios que correspondem às nossas mãos e ao nosso rosto ocupam muito espaço aqui. Isso faz sentido, visto que somos capazes de sentir muito melhor as coisas com as nossas mãos e língua do que com as nossas costas.

Portanto, agora entendemos como podemos sentir que parte de nosso corpo está sendo tocada. Mas se os picos nunca aumentam ou diminuem (permanecendo sempre da mesma forma e tamanho), como podemos dizer a diferença entre um toque leve e um pesado? Vamos fazer um experimento para descobrir!

Experimento: codificação de frequência

Para este experimento, vamos alterar a pressão exercida sobre os pelos da perna. Procure um pelo que desencadeie uma grande resposta quando pressionado com um palito de dentes. Depois que tiver encontrado um candidato adequado, pratique pressionando-o levemente e depois com um pouco mais de força. Pressione o espinho por cerca de meio segundo apenas, soltando-o em seguida. Tente pequenas cutucadas de diversas intensidades. Você notará que, quanto maior a pressão exercida, mais o pelo securva. Agora vamos examinar a sequência de picos com três tipos de pressão diferentes: leve, média e forte.

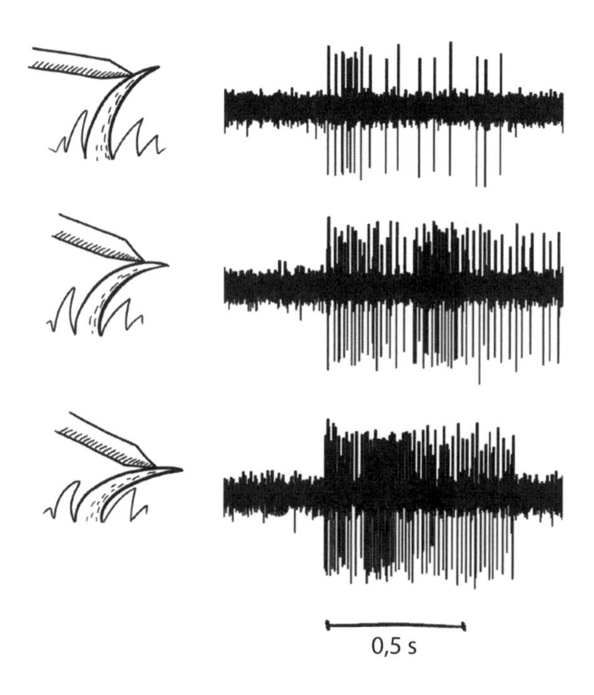

Os resultados, nesse caso, parecem bastante interessantes. Embora você pressione a perna com mais força, os picos permanecem do mesmo tamanho. Entretanto, há mais picos. Podemos quantificar isso contando o número de picos que ocorrem dentro de um intervalo fixo de tempo. No SpikeRecorder, existe uma função "procurar picos", que facilita um pouco a contagem. Mas você pode fazer isso manualmente também.

Vamos contar os picos na primeira metade de um segundo. Em seguida, podemos registrar os resultados em um gráfico.

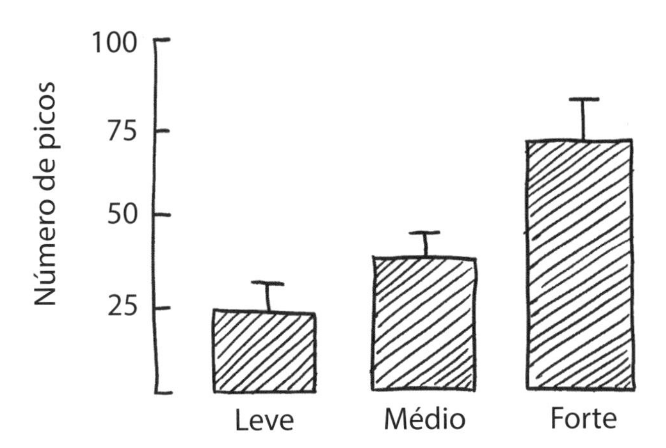

Podemos ver que a frequência de picos (número de picos liberados em um intervalo fixo de tempo) sem dúvida aumenta com a pressão. Isso significa que esse neurônio sensível ao toque alerta o cérebro que ele está sendo tocado e indica a intensidade de força utilizada. À medida que a intensidade de um estímulo aumenta, a taxa de disparo aumenta também. Isso é chamado de "codificação de frequência", uma vez que a frequência de picos está "codificando" informações sobre os toques. Em suma, podemos agora ver como os neurônios do cérebro conseguem detectar tanto *onde* como com que *intensidade* o corpo está sendo tocado.

Perguntas de revisão

1. Por que você acha que alguns espinhos da perna são mais sensíveis ao estímulo com o palito de dentes do que outros?
2. Se estiver no laboratório de uma universidade, você poderá ter acesso a um cilindro de ar que permite controlar a intensidade da pressão. Posicione o tubo de ar a uma distância fixa da perna e aplique uma

pressão gradual de 0 a 30 psi[1], aumentando-a lentamente. Você consegue desenvolver uma equação que indique como os neurônios codificam a pressão do ar?

3. Seria melhor se você pudesse quantificar a força utilizada ao tocar o espinho da barata, e não ao pressioná-la de forma "leve" ou "com força". Os anzóis possuem uma interessante propriedade; ao pressionar a ponta do instrumento contra um objeto, a pressão aplicada fica constante à medida que a linha dobra. Quanto maior o comprimento da linha do anzol, menor a pressão. Você pode colar diferentes comprimentos da linha de pesca em palitos de picolé e determinar a pressão, puxando-os para baixo em uma escala alfabética e anotando o peso. Você consegue quantificar este experimento com mais precisão? Você consegue desenvolver uma equação (picos por grama) para os pelos da perna? As equações da codificação de frequência são as mesmas para os diferentes espinhos nas partes de cima e de baixo da perna?

1 N.R.C.: PSI, do inglês *pound force per square inch*, significa libra-força por polegada quadrada, que é a unidade de medida para a pressão resultante da força de uma libra aplicada sobre a área de uma polegada quadrada. No Sistema Internacional de medidas, utiliza-se o Pascal (Pa) com a correspondência de 1 psi ≈ 6 894,757 Pa.

4
Qual é a velocidade dos neurônios?

Em nossos experimentos com a perna de barata, vimos que os neurônios podem receber as informações geradas pelo toque, codificá-las em número de picos por segundo e enviar esses picos ao cérebro para processamento. Veremos que essa é uma forma geral de representação de nossos sentidos em picos. Mas o que está faltando nesse experimento é a velocidade. Com que velocidade esses picos percorrem o axônio para alcançar a sinapse seguinte?

O sistema nervoso é bastante rápido. Em nosso corpo, mal conseguimos dizer a diferença entre querer mover a mão e, de fato, movê-la. Em nosso experimento com a perna de barata, parecemos ouvir os picos imediatamente quando tocamos a perna da barata. Mas isso não é instantâneo. Nem mesmo a luz, o sinal mais rápido do universo, se desloca instantaneamente. Leva um tempo para que o sinal se transfira de uma área para outra. Mas qual a velocidade do sistema nervoso? Ele é mais rápido do que uma bicicleta, um avião ou tão rápido quanto a eletricidade existente na sua casa? Como podemos mensurá-la?

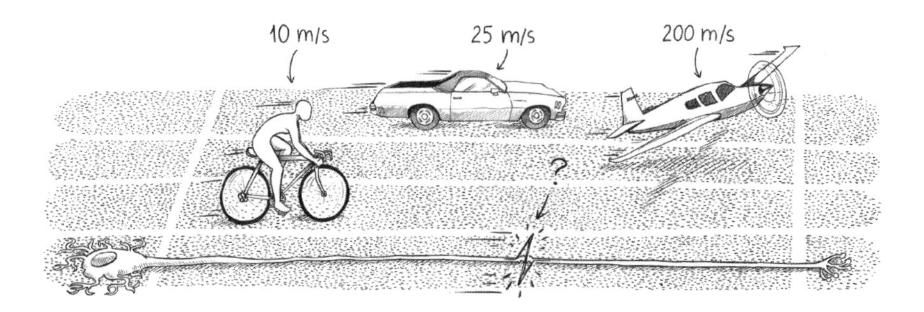

Até agora, registramos os nossos neurônios utilizando apenas um canal, o que significa que utilizamos somente um eletrodo de registro e uma base para a coleta de dados. Poderíamos medir o tempo que a voltagem leva para subir e descer ao formar um pico, mas não a velocidade com que esse pico percorre o axônio. Para medir a velocidade, no entanto, você precisa medir tanto o tempo (quando ocorreu um pico) como a distância (até onde um pico chegou ao percorrer um nervo).

A título de analogia, pense em um carro trafegando em uma autoestrada. Se estivesse olhando a partir de uma pequena guarita de observação à beira da estrada, você poderia dizer se viu um carro passar por você, que tipo de carro era e o momento em que você o viu passar.

Suponhamos que um amigo seu estivesse a 800 m adiante na estrada em uma guarita semelhante e cada um de vocês anotasse quando viram um determinado carro passar pelas suas respectivas guaritas. Mais tarde, vocês dois poderiam comparar as anotações e, com um rápido cálculo, determinar a velocidade do carro. Digamos que o carro tenha levado um minuto para passar entre as duas guaritas de observação. Convertendo esse minuto em horas (1 minuto = 0,016 hora) e dividindo a distância (800 m) por esse valor, você calcularia uma velocidade de 50 km/h.

A velocidade é uma função da distância em relação ao tempo, de modo que só podemos quantificá-la com, pelo menos, dois observadores. Pela mesma razão, precisamos de dois observadores (dois eletrodos) para efetuar a medição em dois pontos ao longo de um nervo à medida que um pico o percorre. Se tivesse apenas um canal, você conseguiria dizer se viu um pico e quando ele chegou. Entretanto, você não teria como dizer a velocidade de deslocamento do pico pelo axônio.

Felizmente, a nossa perna de barata é suficientemente grande para suportar dois canais de registro, permitindo a atuação de dois observadores diferentes. Para medir a velocidade dos picos, precisamos colocar dois eletrodos separados na mesma perna, medir a distância entre os dois pinos e estarmos prontos para anotar o momento em que os picos chegam tanto ao primeiro pino quanto ao segundo. Mas ao montar esse esquema, você imediatamente observará um problema. Há muitos picos ocorrendo em ambos os canais. Aliás, há picos demais para que se possa controlar qual pico registrado no segundo canal foi o mesmo que passou pelo primeiro. Eles parecem todos iguais.

Esse problema poderia ocorrer na estrada também, retornando à questão da visualização de nossos carros. Imagine uma via expressa rápida e muito movimentada em uma megalópole com muitos carros aparentemente semelhantes. Você pode imaginar o problema!

Seria difícil determinar qual carro você e o seu amigo estavam tentando cronometrar se houvesse vários carros na estrada da mesma marca e modelo.

Da mesma forma, há muitos picos ocorrendo na perna da barata, e identificar as particularidades entre eles com apenas dois observadores é algo muito complicado. O fêmur da perna da barata possui de 200 a 400 axônios, todos disparando muitos picos. Não dispomos também de muito espaço para a colocação dos eletrodos, visto que as pernas das baratas medem apenas 8 mm de comprimento. Por isso, essa preparação não é muito favorável ao nosso experimento da velocidade. Teremos que inventar outro.

Felizmente, não precisamos procurar muito longe no maravilhoso mundo dos invertebrados. O nosso objetivo é encontrar um animal no qual possamos efetuar registros a partir de alguns axônios longos, e cujos neurônios não disparem muitos picos. Haveria uma criatura no reino animal que atendesse a todos esses critérios? A resposta é "sim"! E ela provavelmente está vivendo exatamente sob os seus pés enquanto você está lendo isto: a minhoca comum.

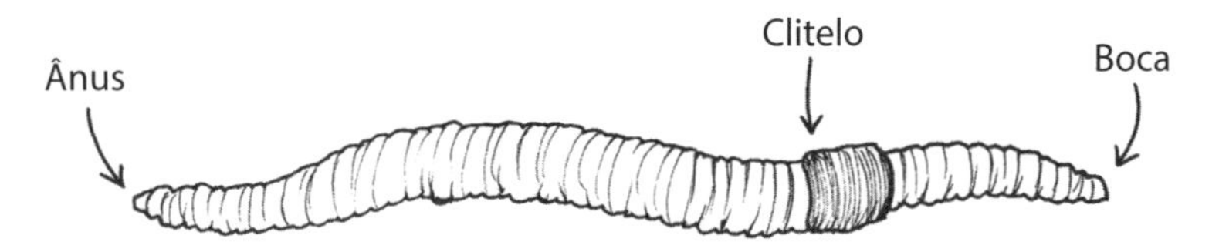

*A parte superior (dorsal) da minhoca é mais escura do que a inferior (ventral)

Começamos a nossa jornada pela neurociência utilizando um inseto (ou artrópode), mas agora estamos acrescentando uma nova classe de invertebrados à nossa lista: as minhocas (ou anelídeos). A minhoca comum, ou *Lumbricus terrestris*, possui número muito menor de neurônios que a barata enquanto seu corpo é muito mais longo. Para melhorar ainda mais, a minhoca contém apenas três grandes axônios que cobrem toda a sua extensão: uma fibra gigante medial e duas fibras gigantes laterais. A fibra medial transmite informações sobre a parte anterior da minhoca, a parte mais próxima do clitelo, e as fibras laterais transmitem informações a partir das células cutâneas da parte posterior da minhoca.

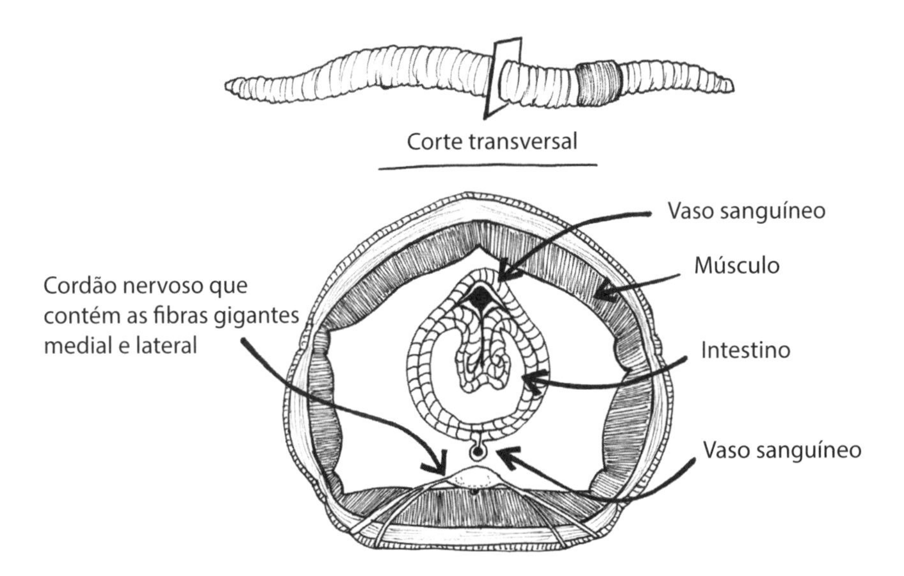

Experimento: velocidade de condução da minhoca

Este experimento tem por objetivo medir a velocidade com que os picos se deslocam nas minhocas. Chamamos essa mensuração de velocidade de condução de picos. Para começar, você precisará comprar algumas minhocas. As minhocas comuns são utilizadas como isca de pesca e podem ser encontradas na *pet shop* mais próxima, em lojas de artigos esportivos ou em postos de gasolina. Você pode até escavá-las da terra, caso more em local de clima úmido onde se possa encontrar minhocas.

Em seguida, você precisará anestesiar a sua minhoca. O nosso banho de água com gelo não funcionará nas minhocas. Elas estão acostumadas a climas frios e desenvolveram neurônios que funcionam em baixas temperaturas. Por isso, precisaremos preparar uma solução de etanol a 10%. Se você não estiver no laboratório de uma universidade em que haja um estoque de etanol, há uma maneira simples de fazer isso em casa. Você pode utilizar vodca (que normalmente possui um teor alcoólico de 80%, ou 40% de etanol) e diluí-la utilizando 1 parte de vodca e 3 partes de água. Por exemplo, misturamos 10 milímetros de vodca com 30 milímetros de água da torneira.

Escolha uma minhoca do solo. Se você apanhar uma minhoca que não esteja se remexendo e se contorcendo na sua mão, pode ser que ela não esteja saudável e você não obtenha bons registros. Apanhe uma minhoca saudável e coloque-a na mistura com álcool por 3 a 4 minutos. Não espere muito; assim como ocorre com a anestesia humana, o delicado equilíbrio entre anestesia de menos e anestesia de mais é complicado. Com anestesia de menos, a minhoca se movimentará durante o experimento, resultando em muito ruído decorrente do movimento. Com anestesia de mais, os nervos não dispararão. Cerca de 3 a 4 minutos parece ser uma boa faixa.

Coloque a minhoca na sua base de registro: pau-de-balsa, cortiça ou isopor funcionarão. Insira três pinos de eletrodo de seu SpikerBox ao longo do corpo da minhoca. Separe cada dois pinos de registro de modo a obter aproximadamente a mesma distância entre eles e disponha-os de forma que representem os canais 1 e 2 e o pino terra. Empurre os pinos através do corpo da minhoca, mas ligeiramente descentralizados (para não danificar as fibras nervosas), inserindo-os na plataforma subjacente. Quando tudo estiver no lugar, meça a distância entre os dois pinos de registro (canais 1 e 2) e anote. É sempre bom tirar uma foto do seu esquema para fins de referência.

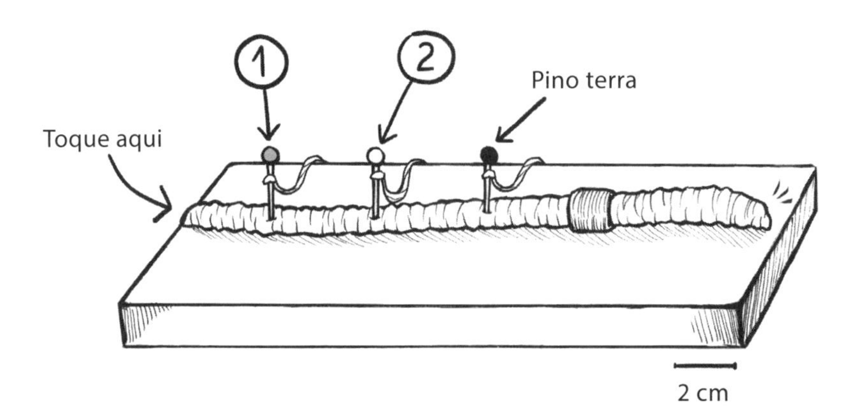

Abra o seu aplicativo SpikeRecorder e pressione a tecla de registro quando estiver pronto. Agora vamos para o estímulo. Com uma pequena haste de plástico, como um mexedor de café, toque na extremidade posterior (dorso) da minhoca. Você deverá ouvir os picos evocados causados pelo toque. Aí está. Picos! Toque na extremidade da minhoca 3 ou 4 vezes mais, aguardando de 3 a 4 segundos entre cada toque para que elas se diferenciem no seu registro.

Depois de obter vários picos, você pode parar de registrar e remover os eletrodos da minhoca. Mergulhe a minhoca brevemente na água para umedecê-la de novo e devolva-a ao solo em sua caixa, onde poderá se recompor. A minhoca é bastante resiliente e se recupera bem desse experimento, podendo tolerar a colocação das agulhas e ser utilizada para outro experimento em outro dia. Caso tenha retirado diretamente da terra, você poderá devolvê-la ao ambiente em que a encontrou.

Está na hora de ver a velocidade com que esses picos se deslocam. Abra o *software* novamente e examine os registros de ambos os canais. Você deverá ver os picos que ouviu enquanto registrava cada batida em cada canal. Eles se apresentam em grupos de 1 a 3 picos.

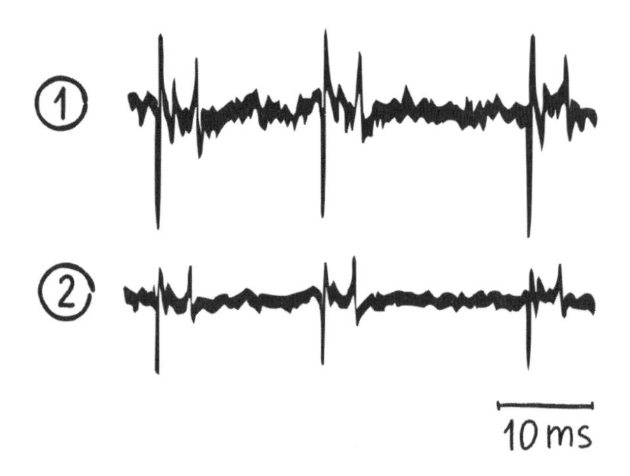

Os picos parecem estar ocorrendo ao mesmo tempo, mas ao ampliar a imagem você observará que o pico aparece primeiro no canal 1, e então, um pouco depois, no canal 2.

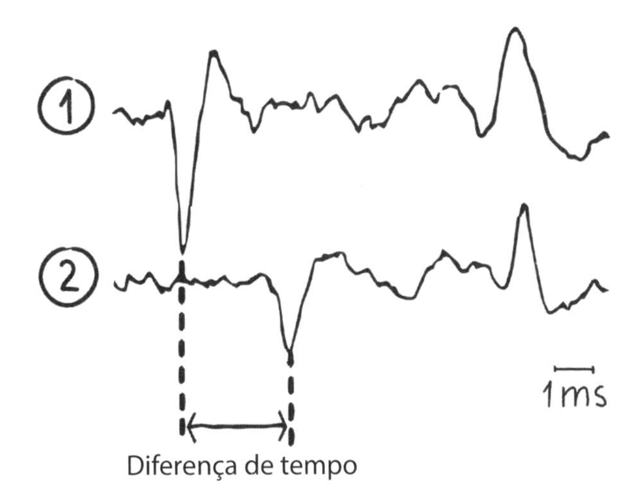

O pico produzido pela batida teve que percorrer o corpo da minhoca e passar por ambos os eletrodos. Meça o atraso entre os dois canais observando o tempo entre os dois picos (ou vales). Observe que os picos podem parecer ligeiramente diferentes nos dois canais, mas meça a diferença de tempo entre as primeiras grandes deflexões em ambos os canais.

Agora, para descobrir a velocidade de deslocamento dos picos, basta fazer um pequeno cálculo. Divida a distância que você mediu pela diferença de tempo registrada. Aí está! Você acabou de medir a velocidade de condução. Você pode converter esse valor para milhas ou quilômetros por hora, o que lhe dará uma noção da velocidade com que o seu cérebro está enviando pensamentos.

Perguntas de revisão

1. Você tocou na minhoca algumas vezes. O valor medido da velocidade mudou de um toque para outro?
2. O valor medido da velocidade mudou de uma minhoca para outra? As minhocas menores são mais rápidas ou mais lentas do que as minhocas grandes?
3. O que acontece se você tocar na parte anterior da minhoca (a boca)? Você poderia repetir esse experimento invertendo as extremidades

da minhoca primeiro. O que acontece com a velocidade na outra extremidade?

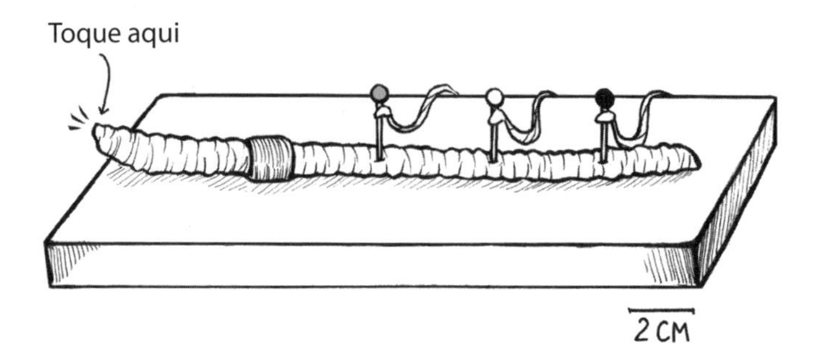

5
Estimulação neuronal

Até agora, conseguimos ver e ouvir a eletricidade produzida pelos neurônios. As informações são codificadas em picos elétricos enviados rapidamente à extremidade do axônio. Conseguimos fazer a "leitura" dos neurônios utilizando pequenos eletrodos de metal. Seria possível também "escrevê-los"? Teríamos como inverter o eletrodo e enviar eletricidade para um neurônio?

Experimento: microestimulação com corrente contínua[1]

O nosso objetivo é testar se temos como nos comunicar com os neurônios utilizando eletricidade. Vamos começar com a preparação da nossa perna de barata. Para este experimento, verificamos que é melhor colocar os pinos no fêmur e na coxa.

---

1 N.R.C.: Corrente contínua (CC) significa o sentido único de um fluxo ordenado de elétrons quando há uma diferença de potencial.

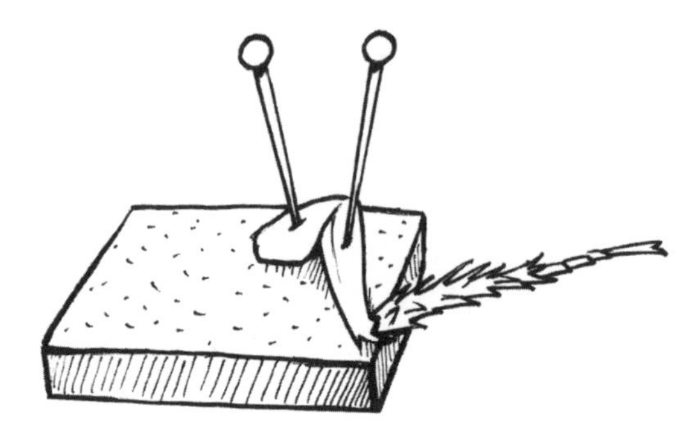

Fixe dois fios em uma bateria de 9 V, um no terminal positivo e o outro no terminal negativo. Conecte um fio a cada um dos pinos para que o circuito elétrico se complete no interior da perna da barata. O que você vê?

Está viva e (quase) chutando. A corrente elétrica parece estar interagindo com os neurônios, produzindo movimento. O que poderia estar acontecendo? A resposta está profundamente enraizada na história da neurociência.

Muito antes que os cientistas fossem capazes de registrar os picos, eles conseguiram enxergar a relação entre o sistema nervoso e a eletricidade utilizando baterias simples. Em 1780, um cientista italiano chamado Luigi Galvani fez uma descoberta notável: quando aplicada aos nervos das pernas de um sapo, a eletricidade provocava a contração dos grandes músculos.

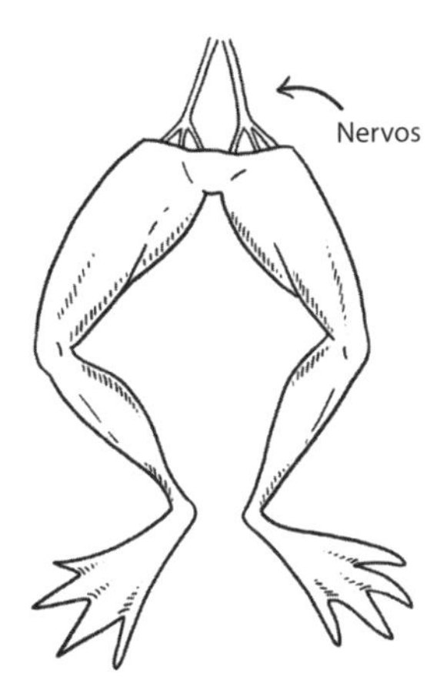

Essa descoberta levou a um interessante debate científico em que se questionava se a "eletricidade animal" era a mesma que a eletricidade observada no mundo, por exemplo, durante as tempestades de raios. Galvani fez o teste pendurando pernas de sapo do lado de fora de sua varanda durante uma tempestade de raios e observando as pernas se contraírem.

Esses fenômenos ficaram conhecidos como "Galvanismo" e causaram uma impressão duradoura nas pessoas. Temia-se que os cientistas pudessem usar a eletricidade para fins de restituir a vida. A eletricidade em si era uma força relativamente nova e pouco conhecida, de modo que parecia plausível que pudesse ser utilizada para fazer com que as criaturas ressuscitassem após a morte. Aliás, Mary Shelley chegou a afirmar que esses experimentos serviram de inspiração direta para o famoso romance *Frankenstein*, de 1818.

> Talvez um cadáver pudesse ser reanimado; o galvanismo havia oferecido pistas nesse sentido: talvez os componentes de uma criatura pudessem ser fabricados, montados e dotados de calor vital. (Mary Shelley, introdução a *Frankenstein*).[2]

Hoje, os neurocientistas e neuroengenheiros utilizam esse fenômeno da estimulação elétrica para comunicação direta com o cérebro. Com uma técnica chamada "microestimulação", uma pequena quantidade de corrente elétrica (cerca de 1 a 10 mA[3]) é utilizada para se comunicar com um pequeno grupo de células eletricamente excitáveis. No experimento com a perna da barata, utilizamos a bateria de 9 V para microestimular diretamente os músculos e depois observar as contrações.

A microestimulação com dispositivos médicos modernos não utiliza correntes diretas, como observado nos experimentos de Galvani ou em nossa bateria de 9 V. Na prática, verificou-se ser mais eficiente (e melhor para os neurônios) utilizar pulsos de corrente positiva e negativa.

Experimento: microestimulação com corrente alternada (CA)

Queremos testar se as correntes alternadas conseguem estimular o sistema nervoso. Precisaremos de um dispositivo elétrico capaz de produzir uma corrente móvel utilizando pequenos fios que possamos conectar à nossa perna de barata. Bem, você está com sorte, já que carrega esse dis-

---

2 N.R.C.: SHELLEY, Mary. *Frankenstein*. Rio de Janeiro: Zahar, 2017, p.240.

3 N.R.C.: mA é a sigla para Miliampère, equivalente a um milésimo (1/1000) de um Ampère, unidade básica de medida de uma corrente elétrica.

positivo no seu bolso. O fone de ouvido do seu celular utiliza correntes elétricas alternadas para fazer vibrar um cone e produzir sons e música no seu fone.

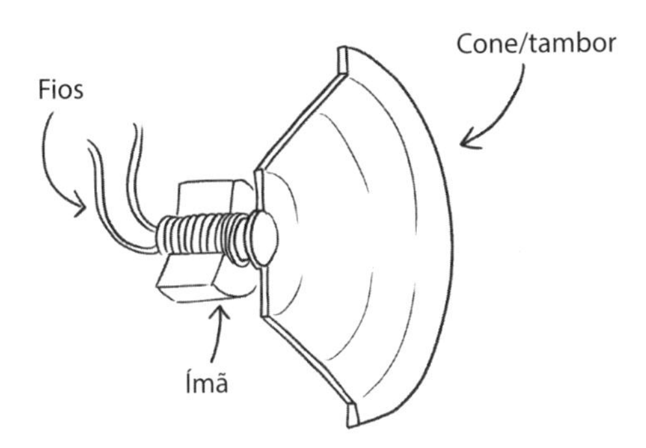

Se você tiver um par de fones de ouvido para sacrificar, você pode cortar um lado do fone e conectar os seus dois fios diretamente aos dois pinos na perna da barata, criando uma conexão direta entre a corrente de saída do fone e o sistema nervoso da barata.

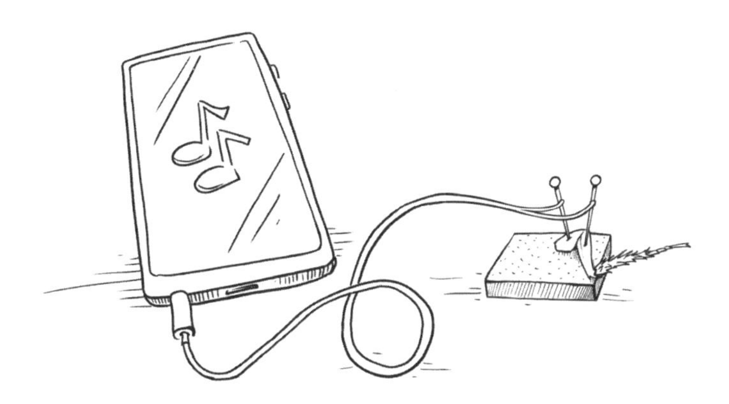

Agora estamos prontos para o experimento. Carregue o seu aplicativo de músicas favorito e escolha duas músicas para o seu experimento. Para ilustrar as diferenças, uma música deve ser do gênero *hip-hop* (as nossas baratas preferem qualquer coisa do álbum dos Beastie Boys, *Paul's Boutique*) e a outra, uma música clássica (como *Goldberg Variations*, de J. S. Bach). Comece com um volume baixo (o que significa uma baixa corrente enviada aos pinos), aumentando-o lentamente. Anote o nome da música e o volume em que você começou a observar as alterações na perna. Repita o processo algumas vezes para cada música. Qual das duas músicas fez a perna se movimentar com mais facilidade?

Então, por que, exatamente, a barata parece indiferente ao pobre Johann Sebastian? Não é nada pessoal. Quando se trata de microestimulação, tem que haver tons graves. Música eletrônica (discoteca), *hip-hop* e *blues* possuem tons graves estáveis que determinam o ritmo. Essas frequências graves são baixas, lentas e grandes.

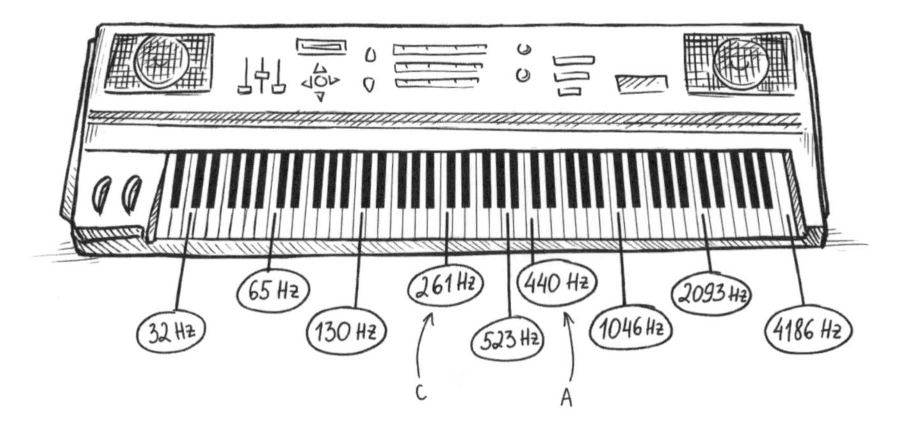

A música de câmara, por outro lado, é recheada de instrumentos na clave de sol. As notas são mais altas e os sons muito mais frequentes. E então, por que a frequência é importante?

Lembre-se de que, quando a voltagem muda na célula, minúsculos canais se abrem fisicamente para permitir o fluxo necessário de entrada e saída das correntes de íons para produzir um pico. Essa abertura é rápida, mas leva um pouco de tempo. Se mudarmos lentamente a voltagem, como ocorre com as baixas frequências graves, esses canais têm tempo de se abrir, permitir a passagem de íons e iniciar o deslocamento de um pico pelo músculo. Mas se a voltagem mudar rápido demais (como nas frequências da clave de sol), os canais começarão a se abrir, mas se fecharão antes que os íons passem e gerem um pico. Para encontrar o "ponto certo", podemos fazer mais um experimento.

Experimento: análise de frequência da microestimulação

Neste experimento, queremos determinar as frequências capazes de fazer com que os neurônios disparem com mais facilidade (o que significa, com a menor quantidade de corrente). Quanto mais baixa a corrente, mais ideal fica a frequência necessária para estimular o tecido nervoso. Os engenheiros biomédicos medem essa variável quando estão decidindo como estimular o cérebro.

O esquema será o mesmo da nossa estimulação pela música. Só que, desta vez, em vez de tocar música no interior da perna da barata, tocaremos apenas tons. Você precisará baixar um aplicativo gerador de tons para o seu dispositivo. Existem muitos gratuitos por aí; qualquer um funcionará. Ao mudar um tom, você está mudando a frequência de pulsos. Quanto mais largo o pulso, mais longos são os fluxos de corrente e mais baixo fica o som produzido em um alto-falante.

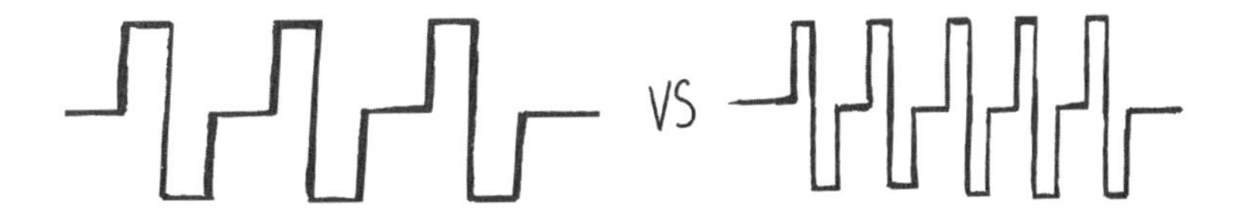

Utilizando o controle de volume do seu dispositivo, você pode ajustar a amplitude dos pulsos.

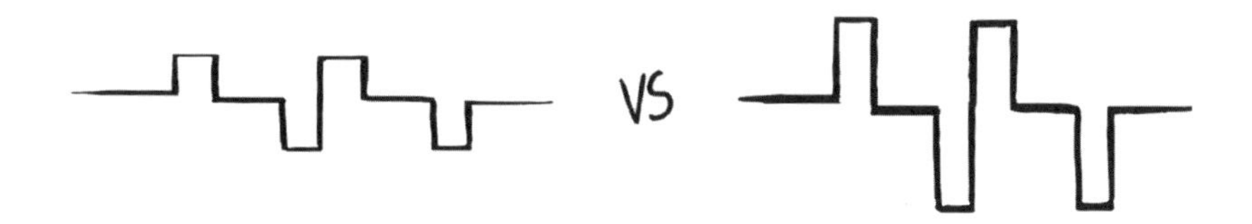

Quanto mais alta a amplitude, maior a passagem de corrente e mais alto o som. Portanto, a nossa tarefa consiste em determinar qual tom (largura de pulso) é capaz de produzir picos com o volume mais baixo (corrente). Para isso, podemos elaborar um gráfico com fileiras para quatro volumes (25%, 50%, 75% e 100%) e com colunas para frequências (Hz) que variem de grave a agudo (20, 50, 100, 200, 500, 1.000, 2.000, 5.000).

	¼ de volume	½ de volume	¾ de volume	volume total
20 Hz				
50 Hz				
100 Hz				
200 Hz				
500 Hz				
1 kHz				
2 kHz				
5 kHz				

⊕ + Movimento

⊖ – Nenhum movimento

Escolha pontos aleatórios na tabela e toque o tom designado, no volume designado, por um segundo. Anote na tabela a "+" se a perna se movimentar, e na tabela a "-", se ela não se movimentar. Percorra a tabela algumas vezes para obter uma boa estimativa de cada par. É importante randomizar, uma vez que a perna pode sofrer fadiga decorrente dos movimentos. A randomização ajudará a eliminar os vieses do conjunto de dados. Ao terminar, dê uma olhada na probabilidade de obtenção de movimentos ("+") em cada quadro.

Quando tudo estiver terminado, você poderá analisar os resultados. A visualização dos movimentos "+" pode ser difícil, por isso, você pode assinalar a probabilidade utilizando o número de tentativas "+" (movimentos) dividido pelo número total de tentativas. Isso facilita um pouco a visualização de um padrão.

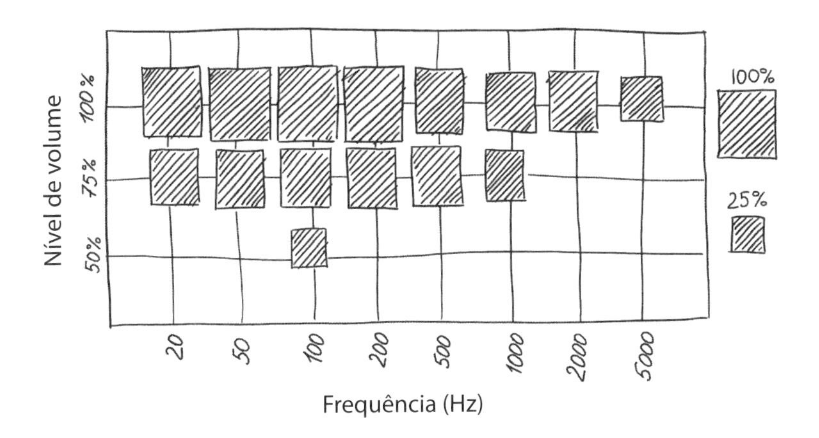

Nesse caso podemos ver que a microestimulação a 100 Hz permitiu que os neurônios disparassem no ajuste de corrente mais baixo. A faixa grave está entre 20 e 200 Hz, de modo que esse resultado é compatível com o nosso achado anterior de que a perna respondia mais à música com muitos tons graves.

Mais uma vez, os neurônios da barata não são tão diferentes dos nossos. Há uma série de dispositivos clínicos e de pesquisa para os seres humanos que utilizam a microestimulação aproximadamente na mesma frequência por essa mesma razão. Por exemplo, pacientes com doença de Parkinson podem ser tratados por meio de estimulação cerebral profunda (DBS, da sigla em inglês para *deep brain stimulation*). Inserindo-se um pequeno eletrodo alongado em uma parte específica do cérebro chamada núcleo subtalâmico, os tremores associados à doença podem ser minimizados. As frequências de estimulação utilizadas na DBS normalmente são de cerca de 100 Hz.

Perguntas de revisão

1. Que tipos de música provocam determinados tipos de respostas da perna? Experimente alguns gêneros diferentes. Por que você acha que determinadas frequências geram diferentes graus de resposta?
2. Quanto tempo a perna consegue manter uma flexão constante em razão da estimulação constante? O nível de estimulação altera esse tempo? O que a faz parar? Quanto tempo após a remoção até que a perna pare de responder à música? Se a perna para de se movimentar com a música, ela ainda produz picos em um SpikerBox? Por que isso pode ocorrer ou não?
3. A colocação dos eletrodos afeta a resposta obtida?

6
Neurônios do olfato

Cada um de nossos sentidos desenvolveu a sua própria maneira única de detectar e codificar seus estímulos. Vimos que os receptores do toque se abrem quando estendidos pelo contato físico, mas e o olfato? A nossa próxima tarefa consiste em explorar a peculiar dança da química e da eletricidade que fornece ao nosso cérebro informações odoríferas do mundo ao redor.

O sentido do olfato é um tanto estranho. Da próxima vez que você sentir cheiro de lixo podre de um beco, de tacos mexicanos de um *food truck*, ou da fragrância das flores de jasmim-manga, pare um momento para pensar na complexidade dessa sensação. Um objeto no mundo à nossa volta está lhe enviando um sinal codificado mediante a liberação de pequenos componentes químicos no ar. Estudos recentes demonstraram que os seres humanos são capazes de distinguir mais de 1 trilhão de odores diferentes.

O cérebro interpreta esses odores com base em experiências passadas ou na genética. O resíduo podre alerta "Perigo! Não coma", o que nós interpretamos como desagradável. O cheiro de alimentos grelhados sinaliza uma refeição com alto teor calórico e é percebido pelo seu cérebro como agradável. Nós não estamos sozinhos. Na natureza, existem inúmeros exemplos de como o odor desempenha um papel fundamental no sentido de ajudar os animais a determinar o que é bom, ruim, perigoso, comestível, sensual, e mais.

* Tamanho das moléculas não desenhadas em escala

Para investigar como esse sistema funciona, recorreremos a um novo modelo de organismo que demonstrou notável capacidade de lançar mão do sentido do olfato: o bicho-da-seda. A história do bicho-da-seda é estranha. Se transformada em filme, nós, seres humanos, certamente a rotularíamos como um filme de terror. Para um bicho-da-seda, seria uma comovente e dramática história de amor.

Depois de eclodir de seu casulo de seda, um bicho-da-seda macho surge e constata que está absolutamente só, e logo descobre uma verdade horripilante: ele não possui boca! E como não tem como comer nem beber, ele tem apenas dias de vida. Contudo, ele sabe o que precisa ser feito. A sua biologia manda que ele procrie, o objetivo primário de todas as criaturas vivas. Por sorte, os bichos-da-seda machos são conhecidos por detectarem uma fêmea a mais de um quilômetro de distância. E como ele encontrará a sua parceira e chegará lá a tempo? Descobriremos com um conjunto de experimentos.

Experimento: o comportamento de acasalamento do bicho-da-seda

Neste experimento, investigaremos o comportamento sexual dos bichos--da-seda adultos. Embora não existam bichos-da-seda vivos para compra em uma loja de departamento comum, você pode facilmente adquirir casulos de bicho-da-seda vivos pela internet. Depois que o casulo se forma, o bicho-da-seda normalmente surge em 2 a 3 semanas. Se você receber um lote de 10 juntos, todos surgirão no intervalo de 1 a 2 dias um do outro. A primeira coisa que você precisará fazer é identificar os machos e as fêmeas e separá-los um do outro. Nada de folia para esses dois.

Quando um bicho-da-seda surgir do casulo, isole-o rapidamente em seu próprio recipiente para que você possa examiná-lo com mais atenção. Conte o número de segmentos no abdome do bicho-da-seda. Se houver oito segmentos, é um macho. Se houver sete segmentos, é uma fêmea. Ainda não consegue identificar? As fêmeas geralmente são maiores, com um abdome e asas maiores do que o macho mais magro. A fêmea também possui uma glândula que se projeta de seu dorso. Ao identificar o sexo dos insetos, separe-os em recipientes de armazenamento e mantenha-os separados um do outro. É importante não deixar que eles acasalem.

Agora está na hora do experimento. Procure um espaço aberto para servir como a sua arena de testes. Comece colocando dois bichos-da-seda machos em alguns copos plásticos e aproxime os copos, mas mantenha--os com alguns centímetros de distância. Observe os insetos e registre as suas observações por 10 minutos. Em seguida, em um outro conjunto de copos, coloque algumas fêmeas, aproxime os copos e observe o par de fêmeas. Por fim, aproxime um copo que contenha um macho de outro com uma fêmea. O que você nota?

Nos pares macho/macho e fêmea/fêmea, você provavelmente viu muito pouco movimento em quaisquer dos copos. Ambos apenas ficaram lá, cuidando de seus afazeres. Mas quando um macho e uma fêmea estavam bem próximos... veja só! O macho começa a ficar muito excitado. Suas asas começam a vibrar, enquanto ele vai e volta de um jeito que parece aleatório. Isso é o que chamamos de comportamento reprodutivo, e nós utilizaremos esse comportamento como medida para o nosso próximo experimento.

Experimento: a quimiotaxia do bicho-da-seda

Na natureza, um bicho-da-seda é capaz de localizar outro de longe. Mas como eles fazem isso? Mas visão ou audição pouco servem quando sua paquera está longe. Neste experimento, determinaremos o que o nariz realmente sabe, investigando os odores.

Para este experimento, utilizaremos um composto químico chamado bombicol, que pode ser adquirido pela internet. Pegue uma pequena quantidade de bombicol puro (10 mg) e misture com 100 mL de óleo mineral. Você pode armazenar essa mistura em um frasco bem vedado na geladeira por algum tempo, se necessário. O óleo mineral puro será a solução de controle. Ambos os líquidos têm mais ou menos o mesmo cheiro para os seres humanos, mas e para os bichos-da-seda? Podemos fazer um experimento comportamental para descobrir.

Em uma superfície ampla, coloque um copo de papel de cabeça para baixo em um lado da mesa e coloque o bicho-da-seda fêmea sobre o copo. O copo de papel deve ter altura suficiente para que o bicho-da-seda macho não consiga ver a fêmea sobre o copo. Do outro lado da mesa, solte um bicho-da-seda macho. Observe a direção do movimento e observe se o macho inicia algum comportamento de galanteio. Realize o experimento novamente, só que, agora, soltando uma fêmea.

Agora substitua o copo com a fêmea em cima por outro copo de papel, ainda de cabeça para baixo, mas com um pouco de óleo mineral (o nosso controle) em cima. Do outro lado da mesa, solte um bicho-da-seda macho. Observe a direção do movimento e, novamente, observe se o macho inicia algum comportamento de galanteio. Repita o procedimento também com a fêmea.

Por fim, substituiremos o copo com óleo mineral por outro copo de cabeça para baixo e com uma pequena quantidade da mistura de bombicol com óleo mineral de nosso frasco selado. Do outro lado da mesa, solte um bicho-da-seda macho. Observe a direção do movimento e se o macho inicia algum comportamento de galanteio. Novamente, execute o mesmo experimento com uma fêmea. Aliás, você deve repetir esse experimento com cada um dos seus bichos-da-seda machos e fêmeas para obter uma amostra melhor de seus comportamentos.

Então, o que você viu? Todos os bichos-da-seda machos devem atravessar a mesa vigorosamente até a base do copo e começar a demonstrar comportamentos de galanteio tanto para uma fêmea escondida quanto para o bombicol. Mas as fêmeas não demonstram nenhuma mudança de comportamento. Apresentamos a seguir um gráfico das respostas dos bichos-da-seda machos.

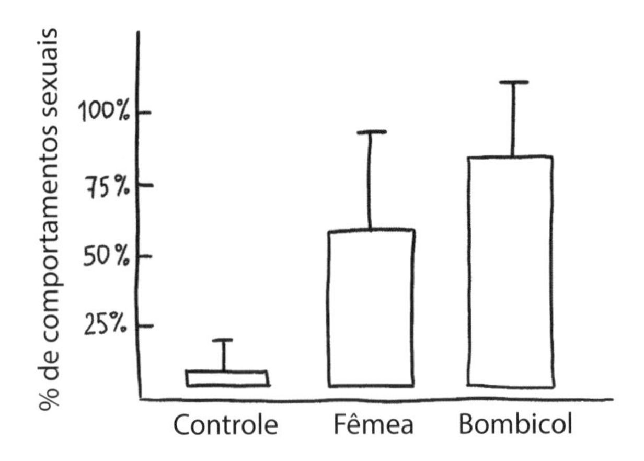

Observe que o bombicol desencadeia uma resposta ainda mais forte dos machos do que uma fêmea real. Então, como explicamos esse estranho comportamento? O bombicol é um odor especial chamado feromônio. Os feromônios são um pouco diferentes de outros odores. Essas substâncias têm por finalidade enviar um sinal excessivamente pessoal e específico, e quando esse sinal chega ao seu destino, é só festa! O bombicol é um feromônio sexual excretado pelas glândulas do bicho-da-seda fêmea e que atrai os machos. Um afrodisíaco muito potente, de verdade! Essa substância permite que os insetos se localizem mesmo que muito, muito distantes.

Experimento: o eletroantenograma do bicho-da-seda

Neste experimento, determinaremos como os bichos-da-seda machos sentem o cheiro do bombicol. Conseguimos determinar que os bichos-da-seda são capazes de detectar essa substância química, mas de que maneira o sinal desse feromônio encontra o caminho para o cérebro de modo a ajudar na sua orientação? Olhando para um bicho-da-seda, você de imediato notará a presença de antenas incrivelmente grandes e emplumadas. Será que essas antenas poderiam estar farejando uma amante? Vamos fazer um experimento!

Queremos registrar eletricamente a atividade neuronal a partir da antena do bicho-da-seda macho. Para tal, anestesiamos um inseto macho (em água com gelo) e cortamos fora um segmento terminal de sua antena. Faça um corte adicional na ponta para expor os nervos de cada lado. Com o auxílio de pinças, coloque delicadamente a antena em sentido transversal sobre dois eletrodos, criando uma ponte entre eles. Aplique um pouco de gel ou pasta condutora para unir as extremidades da antena aos seus respectivos eletrodos (como um sanduíche), e estamos prontos para efetuar o registro. Observe que você pode fazer o gel condutor acrescentando uma minúscula pitada de sal de cozinha a um gel de aloe vera.

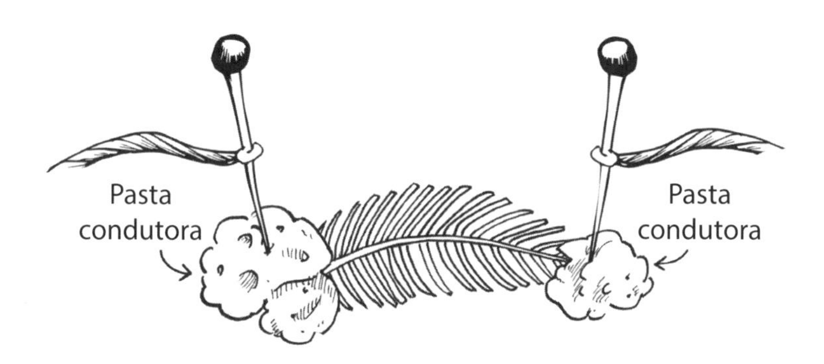

Para os estímulos, umedeceremos alguns chumaços de algodão em óleo mineral (controle) ou em bombicol/solução de óleo mineral. Devemos soprar as substâncias químicas sobre a antena a partir de uma distância de aproximadamente 7,5 cm. Para manter um fluxo constante, você pode utilizar um pequeno ventilador. Anote quando você expôs cada chumaço de algodão, e vamos verificar o registro elétrico para cada um deles.

Controle

Bombicol

1s

Quando trouxemos o bombicol, vimos uma grande depressão elétrica que não ocorreu com o controle. Sem dúvida, algo está acontecendo, mas por que esse sinal se parece com os picos que vimos na perna da barata? A resposta está na maneira como estamos registrando esse sinal. Nós não estamos registrando a partir de apenas alguns disparos neuronais. Esse tipo de registro é chamado sinal de eletroantenograma (EAG) que consiste na somatória de centenas de neurônios existentes na antena. É por isso que o nosso sinal parece tão diferente. Não estamos observando os picos distintos de neurônios isolados, mas a mudança relativamente lenta de um estado de repouso para um estado ativo de milhares de receptores e neurônios existentes na antena.

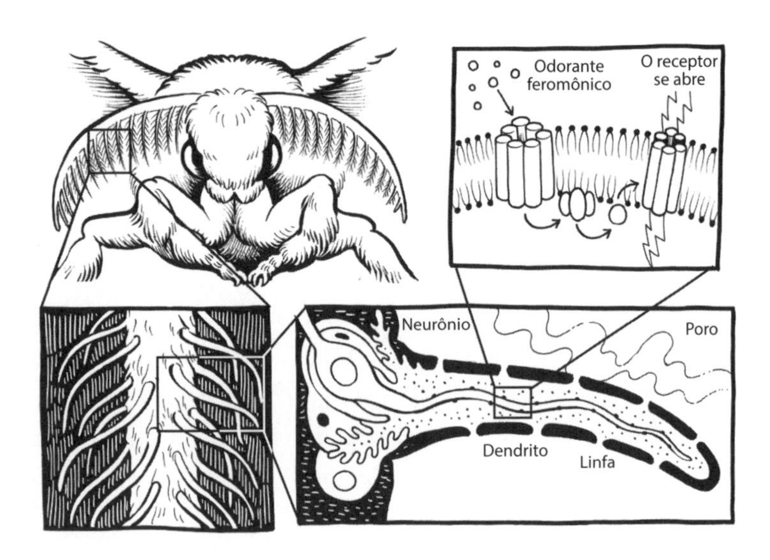

As antenas do bicho-da-seda são semelhantes ao nosso nariz. Elas são utilizadas principalmente para fins olfativos e para rastrear odores do ar. Os pelos existentes nas antenas, chamados sensilos, constituem o principal receptor de informações de odor. O bombicol interage com neurônios específicos dentro dos sensilos dos bichos-da-seda machos que respondem somente ao bombicol e nada mais. Quando um odorante se liga a uma proteína quimicamente selecionada, ele abre um receptor, criando um maior diferencial de voltagem que resulta em um pico. Se houver picos suficientes disparando, podemos detectá-los utilizando o nosso EAG.

O seu sentido do olfato funciona de maneira muito semelhante. Os odores são aspirados pelas suas narinas para uma pequena área de tecido localizada na parte superior interna do seu nariz. Essa área é repleta de células quimiossensíveis semelhantes, chamadas neurônios sensoriais olfativos. Cada neurônio olfativo possui um (e somente um) receptor de odores, e o nariz humano possui cerca de 400 tipos desses receptores. Cada um é ativado por uma molécula microscópica diferente. A partir do momento que detectam as moléculas, esses neurônios enviam picos para o seu cérebro que identifica o cheiro.

Perguntas de revisão

1. Qual a diferença entre um feromônio e um odor? Por que isso tornaria tão fortes os comportamentos que observamos? Você acha que os seres humanos possuem feromônios?
2. A fêmea reage ao bombicol de forma estereotipada? Faça um EAG do bicho-da-seda fêmea. Como a resposta da fêmea ao bombicol se compara à do bicho-da-seda macho? Essa resposta correspondeu à sua hipótese baseada no comportamento?
3. Proponha outro experimento comportamental para testar o comportamento de galanteio do bicho-da-seda.
4. Está claro que a antena responde diretamente ao bombicol, um processo muito vantajoso para o acasalamento. Que outros "cheiros" poderiam igualmente ajudar o bicho-da-seda? Você vê respostas para esses odores no EAG?
5. Por que você acha que o entendimento desse sistema é importante para os neurocientistas? Como poderíamos aplicar essas ideias aos seres humanos?

7
Adaptação neuronal

Você deve ter notado como é difícil enxergar à luz do dia ao sair de um cinema escuro após uma matinê. Os olhos levam algum tempo para se reajustarem à luz brilhante do sol. Da mesma forma, ao se vestir pela manhã, você pode sentir as roupas no corpo no momento em que as veste, mas logo você esquece a presença constante do tecido sobre a pele. Se parar para ouvir neste momento, você poderá escutar ruídos (ventiladores, utensílios, o tique-taque de relógios, o trânsito) que você havia esquecido que estavam aí. Isto é algo que o cérebro faz muito bem: ele "aprende" a se ajustar a diversas sensações.

Os mecanismos do aprendizado ainda são objeto de pesquisas benéficas e em curso. Por exemplo, os cientistas ainda não sabem como as memórias declarativas (como lembrar-se do título deste livro, por exemplo) são armazenadas no cérebro. Mas nós podemos preencher essas lacunas de conhecimento conduzindo alguns experimentos. Vamos nos concentrar nesse efeito de curto prazo do aprendizado, chamado "adaptação", ou seja, a capacidade de se desligar de estímulos constantes. Uma pergunta que você poderá fazer é: em que parte do corpo esse processo ocorre? É no próprio cérebro, ou os neurônios sensoriais fazem isso sozinhos? Ou talvez seja um dos neurônios existentes na medula espinal? Para começar a responder essas perguntas, retornaremos à nossa velha amiga, a barata.

Experimento: adaptação neuronal

Neste experimento, investigaremos como o cérebro se adapta a estímulos constantes utilizando uma barata. O nosso objetivo é determinar onde ocorre o aprendizado dos estímulos. A barata possui um sistema nervoso periférico semelhante ao nosso. Os neurônios sensoriais existentes nos membros enviam a sua atividade de pico aos interneurônios do sistema nervoso central presentes no cordão nervoso ventral.

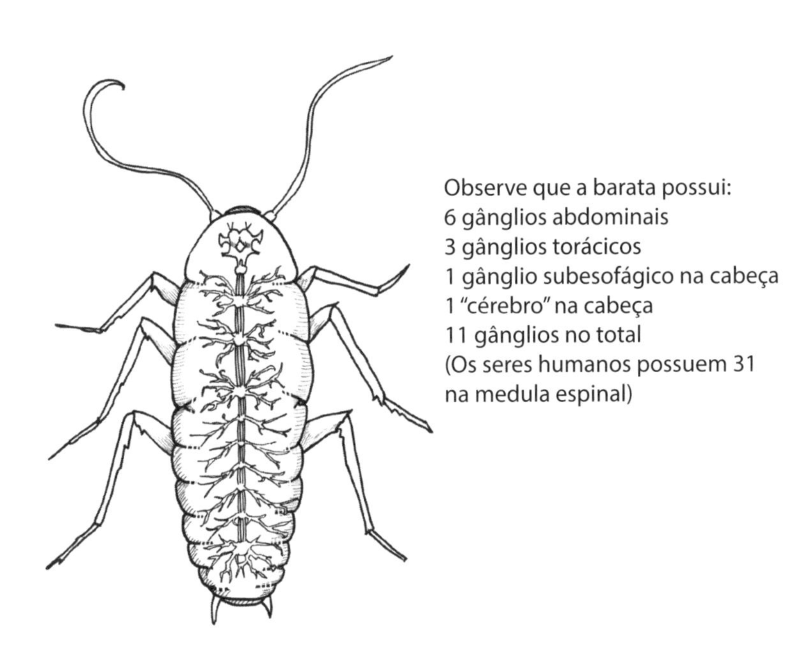

A barata possui apenas 11 nodos em seu cordão nervoso ventral (comparados a 31 expansões[1] na medula espinal humana), mas a organização funcional é semelhante. Esses neurônios sensoriais centrais enviam informações ao cérebro. Cada neurônio da cadeia poderia desempenhar um papel no aprendizado da adaptação a estímulos constantes.

Começaremos a nossa pesquisa examinando as células sensoriais primárias da perna. Já examinamos esses neurônios durante a nossa discussão sobre os neurônios do tato, no Capítulo 3, de modo que já temos

1 N.R.C.: As expansões referem-se aos gânglios espinais ou conjuntos de neurônios localizados fora do sistema nervoso central.

uma ideia de como eles codificam as informações do toque. Vamos retornar ao experimento, só que, desta vez, aplicando longos toques com pressão constante. Ao fazer isso, tentaremos representar um estímulo constante que o cérebro deve começar a ignorar.

Vamos começar então! Coloque a perna da barata sobre um pedaço de cortiça, como fizemos no experimento original sobre o tato. Posicione os eletrodos próximos uns dos outros para que você possa captar facilmente os picos de neurônios isolados.

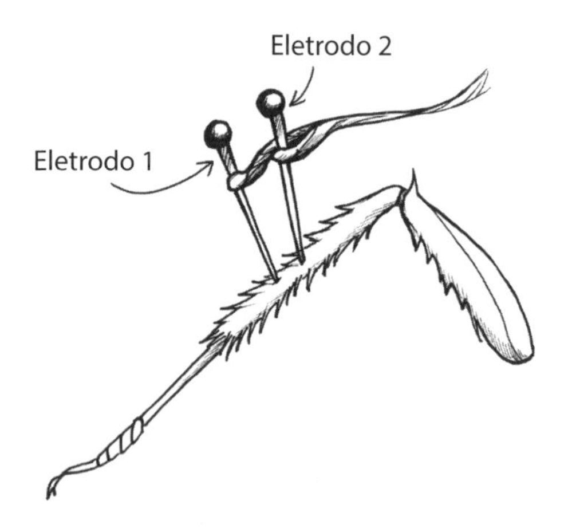

Ligue o seu SpikerBox, conecte o cabo no seu celular ou computador e comece a registrar. Procure um espinho que emita grandes picos quando tocado.

Quando encontrar um neurônio sensorial sensível, você precisará estimulá-lo com pressão constante por um longo período. Uma das maneiras de fazer isso é colocar um palito de dentes em um manipulador ou em uma pilha de livros – algo firme que você possa aproximar da perna. Em seguida, posicione o palito sobre o espinho sensitivo na perna da barata, pressione-o contra o espinho e deixe estar. Uma maneira alternativa de aplicar pressão constante é cortar um pequeno pedaço de linha de pesca (pode ser 10 cm) e colá-lo com fita adesiva em um palito de picolé. Ao pressionar o palito contra o espinho, a linha se dobrará, aplicando uma força constante.

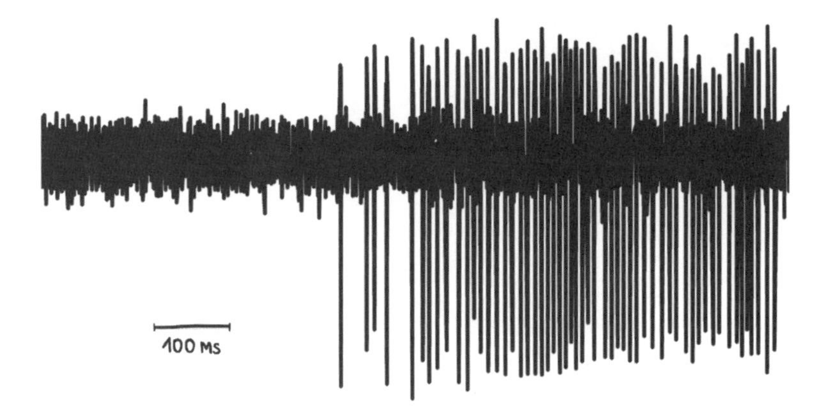

Agora você deverá ouvir uma descarga maciça de picos. Isso não é nenhuma surpresa, uma vez que já vimos isso em experimentos de tato anteriores. Mas continue pressionando. À medida que a força continua com uma pressão constante na perna, o que acontece? Vamos reduzir a imagem e dar uma olhada.

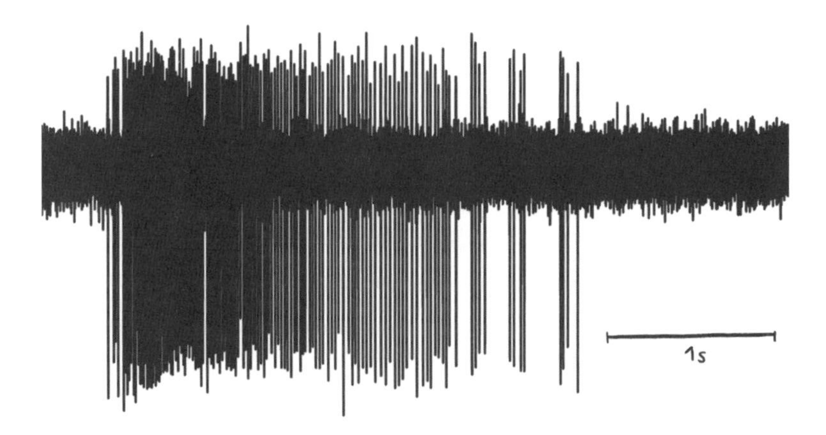

Os picos começam a desparecer em dois segundos, e diminuem completamente... embora ainda haja uma força aplicada ao receptor de toque. O neurônio está se adaptando à força constante.

Podemos quantificar isso utilizando o aplicativo SpikeRecorder. Primeiro, devemos encontrar os picos para identificar a hora em que cada potencial de ação foi disparado. Em seguida, podemos dividir o período em que tocamos no espinho em pequenos intervalos de tempo (250 ms) e contar o número de picos ocorridos durante cada um desses intervalos. Isso nos mostrará como a frequência de pico muda quando tocamos no espinho.

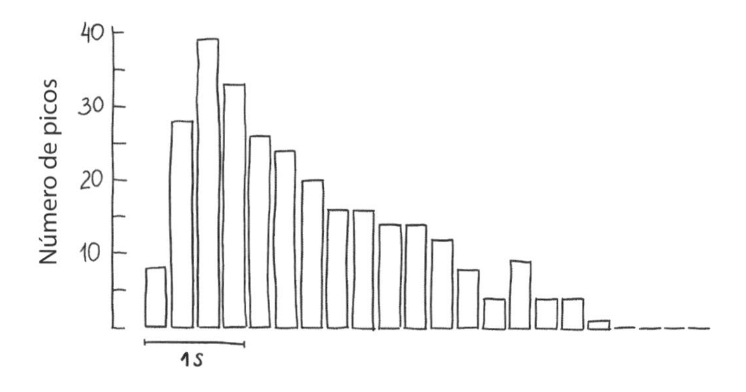

Nesse caso, podemos ver claramente que o neurônio está "aprendendo" a ignorar os estímulos constantes. Podemos quantificar a taxa de adaptação anotando o tempo necessário para ir do pico de disparo até a metade do pico. Nesse exemplo, o tempo foi aproximadamente 5 épocas[2], ou 1,25 s. Experimento isso em alguns neurônios e compare as suas taxas de adaptação.

Este experimento nos mostra que mesmo o primeiríssimo neurônio sensorial pode se adaptar. Mas isso significa que outros neurônios ao longo do percurso (em nível de gânglios ou de cérebro) não têm o seu papel? Não! Para afirmar isso, precisaremos conduzir criteriosos experimentos como este nos demais neurônios sensoriais. Podemos afirmar com certeza que o primeiro neurônio está envolvido no aprendizado, o que, por si só, é algo surpreendente. Não são apenas as nossas células corticais do cérebro que aprendem. Isso acontece em todo o nosso corpo.

---

2 N.R.C.: Época ou *epoch*, em um contexto computacional, significa o tempo decorrido de acordo com determinado marcador (valor/hora inicial). Assim, uma época equivale a quando um conjunto de dados completo (como o representado por cada base no histograma da página anterior) passou pela rede neural uma única vez. De forma mais pragmática, tomando como exemplo o gráfico anterior, seria o correspondente a uma "classe" (a base de cada uma das barras).

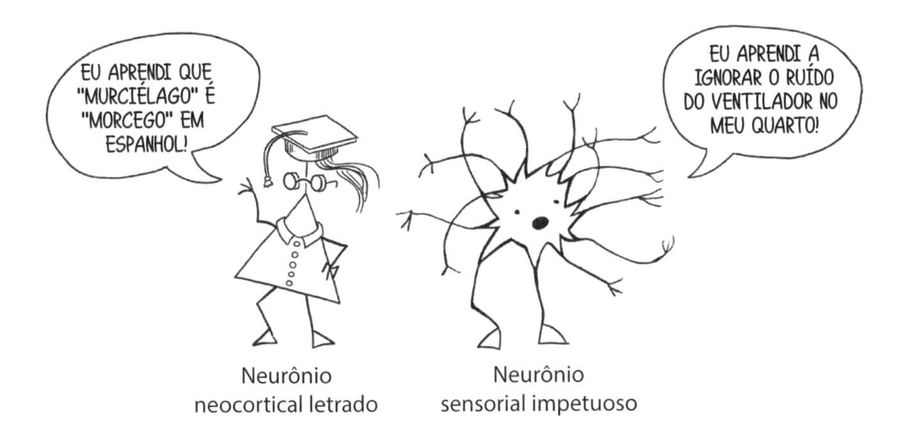

Neurônio neocortical letrado

Neurônio sensorial impetuoso

Perguntas de revisão

1. O que acontece com a taxa de disparos do neurônio depois de se adaptar e quando você aumenta a pressão? Qual é a sua hipótese; os dados correspondem? Repita o experimento, mas alivie a pressão após a adaptação.
2. Não são apenas os espinhos da barata que são sensíveis ao toque. O exoesqueleto da própria perna (sem os espinhos) é sensível. Experimente cutucar diferentes partes da perna e depois meça se os tempos de adaptação são diferentes.
3. Por que não podemos realizar esse experimento manualmente? Experimente posicionar de forma bem precisa o palito de dentes usando a mão e meça o tempo de adaptação. Deve levar muito mais tempo, se levar. Você tem alguma ideia do porquê disso?
4. Você acha que determinadas substâncias estenderão o tempo de adaptação? Por que ou por que não?

8
Neurônios da visão

Os seres humanos são criaturas visuais. Processamos informações visuais complexas melhor do que qualquer outro sinal sensorial. Somos capazes de ver o pôr do sol com cores espetaculares e observar o céu noturno repleto de estrelas. Não são apenas os nossos olhos que realizam essa façanha; o nosso poderoso cérebro realiza grande parte do processamento, do entendimento e da contemplação. É ao nosso cérebro que temos de agradecer pela nossa capacidade notável de nos lembrarmos das imagens. Somos capazes até mesmo de reconhecer imagens exibidas por apenas 13 milissegundos.

Olhe em volta do seu quarto neste momento. O que você vê? Algumas paredes, uma janela, um relógio, talvez. Uma planta, uma mesa. Tudo parece tão familiar e tão real que é fácil esquecer quão complexo é o nosso sistema visual. A luz se reflete em toda parte no mundo. Parte dessa luz é parcialmente absorvida por alguns objetos enquanto é refletida por outros. Existem inúmeros vetores de luz refletidos até mesmo a partir de superfícies mal iluminadas. Alguns desses vetores penetram em nossos olhos, acionando o nosso processo visual. Neste capítulo, decifraremos esse código da visão. Para tal, vamos pesquisar um invertebrado especialista em visão: a abelha!

Abelhas

As abelhas são forrageiras habilidosas que identificam rotineiramente a localização das flores, lembram-se de onde elas estão e comunicam o local do alimento a outras abelhas da colmeia. Elas conseguem percorrer grandes distâncias e rastrear precisamente as flores com o pólen mais delicioso. Mas como a abelha enxerga e o que ela vê? Ela distingue as mesmas cores que nós distinguimos? Para compreender melhor como a visão funciona, estudaremos o sistema nervoso visual dessa criatura surpreendente.

Experimento: eletrorretinograma (ERG)

Em nosso primeiro experimento visual, o nosso objetivo consiste em detectar se há sinais elétricos no olho composto das abelhas. Se o olho possuir neurônios que respondam à luz, é possível que consigamos detectar picos quando expomos o olho a clarões de luz.

Precisamos primeiro encontrar uma abelha. Você pode procurar uma perto de flores, arbustos ou árvores no seu quintal. Vespas e abelhões também servem. Capture uma em um pote. Para anestesiar a abelha, você pode colocar o pote na geladeira por um breve período, ou em uma vasilha com gelo picado. De qualquer modo, quando a abelha estiver inerte, você pode prepará-la para o registro.

Procure um ambiente que possa ser facilmente escurecido fechando-se as cortinas ou as portas. Coloque um pedaço de papel sobre a sua superfície de trabalho. Coloque sobre o papel um pedaço de fita adesiva enrolado com o lado aderente para fora, remova a sua abelha anestesiada do pote e cole-a delicadamente na fita com a barriga virada para cima. Vire a fita e pressione-a sobre o papel. A abelha agora está imobilizada e pronta para o registro. Você pode utilizar o papel para levar e trazer a abelha da geladeira, caso precise anestesiá-la novamente entre os experimentos. Não se preocupe com o bem-estar dela. Quando os experimentos forem realizados, esse método lhe permitirá remover a abelha da fita sem machucar as suas asas. E uma vez solta, ela deverá sair zumbindo feliz para cuidar de seus afazeres diários.

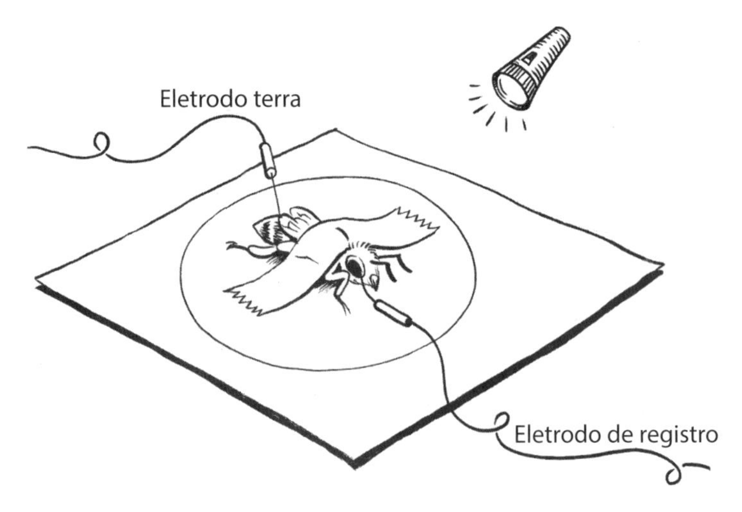

A fim de nos prepararmos para o registro, montaremos primeiro o eletrodo terra. Utilizando um pequeno alfinete, perfure levemente a parte posterior do tórax da abelha (a seção intermediária) e coloque o fio fino no pequeno furo. A localização do eletrodo terra não é tão importante, mas o eletrodo precisa permanecer dentro da abelha durante o experimento. Em seguida, utilizaremos outro fio fino que será o eletrodo de registro, colocando-o sobre o olho facetado da seguinte maneira: dobre ou faça um gancho com o eletrodo de registro e pressione-o contra o olho da abelha, maximizando a área de contato do eletrodo com o olho. Cuidado para não perfurar o olho! Aplique um pouco de gel ao eletrodo para obter um bom contato e melhorar o nosso sinal.

Agora que tudo está instalado, estamos prontos para começar. Ligue o seu SpikerBox e comece a registrar os dados. Cubra a abelha com uma caixa de papelão e aguarde alguns minutos para que seus olhos se adaptem. A caixa precisa conter um furo na lateral para a qual a abelha está voltada. Quando estiver pronto, ligue a lanterna do seu celular e pisque duas vezes a luz sobre a abelha, colocando e retirando o foco de luz de cima do olho.

Observe o que acontece com o sinal elétrico quando o foco de luz está sobre o olho.

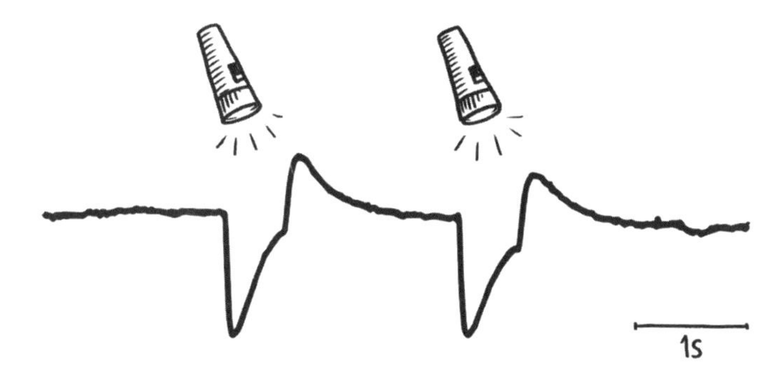

Algo está acontecendo. Há uma depressão no sinal elétrico vinda de dentro olho. A luz está sendo capturada por células fotossensíveis existentes no olho e desencadeando reações químicas e elétricas que são processadas pelo cérebro. O eletrodo está medindo a conversão de fótons em eletricidade pelos fotorreceptores da abelha. Chamamos esse sinal de eletrorretinograma ou ERG. Embora possa parecer simples, esse sinal representa o "marco zero" da neurociência visual, e as variações desse laboratório simples podem nos dizer muito sobre o funcionamento do sistema visual.

Essa atividade elétrica do ERG pode parecer semelhante aos potenciais de ação existentes na perna da barata, mas com algumas diferenças na velocidade e na forma desse sinal. Aqui, estamos registrando do lado de fora do olho e medindo os sinais dos fotorreceptores, um tipo especial de neurônio. Esses fotorreceptores não geram picos, mas convertem o número de fótons absorvidos em alterações elétricas que operam segundo a tonicidade[1]. Além disso, o ERG é a somatória da atividade elétrica de centenas de facetas hexagonais dispostas no olho composto da abelha. Essas pequenas facetas, chamadas omatídios, formam o cenário visual da abelha por meio de pequenos pixels – como na tela da sua TV, mas com uma resolução mais baixa. Os fotorreceptores existentes no interior dos omatídios transformam a luz em um potencial elétrico. Quanto mais fótons são absorvidos, maior a alteração elétrica. A depressão que vemos no ERG por ocasião da estimulação visual é a resposta coletiva dos fotorreceptores. Observe a semelhança entre a forma do sinal no ERG e as respostas coletivas visualizadas no antenograma do bicho-da-seda, no Capítulo 6.

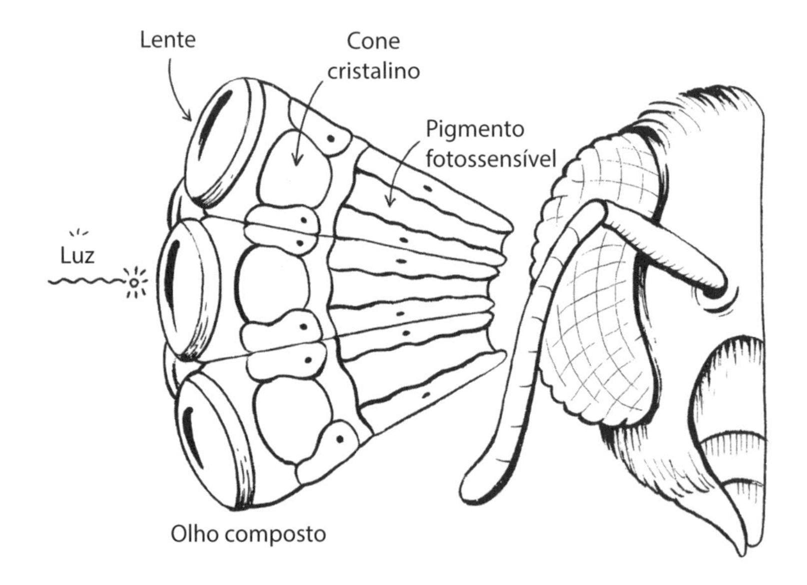

1 N.R.C.: Tonicidade é uma propriedade de soluções químicas que condiz com a permeabilidade seletiva de uma membrana (de uma célula).

De forma geral, os formatos de onda do ERG do olho da abelha são comuns para indivíduos da mesma espécie. O sinal pode variar ligeiramente com base no tipo ou na localização do seu eletrodo e no tipo de estímulo, mas, de um modo geral, ele se repete. Entretanto, os ERGs de diferentes organismos geralmente podem apresentar grandes variações já que os sistemas visuais se ajustam aos ambientes. Uma das formas de especialização dos sistemas visuais consiste na sua capacidade de detectar cores específicas e relevantes. Vamos descobrir as cores que as abelhas realmente conseguem ver.

Experimento: eletrorretinogramas de visão cromática

A luz consiste em fótons, unidades elementares que se deslocam à velocidade da luz e comportam-se como partículas e ondas ao mesmo tempo. As ondas de luz se deslocam em comprimentos de onda diferentes. São as variações nos comprimentos de onda que nos permitem perceber as diferentes cores do espectro. Mas como o mundo se apresenta aos olhos de uma abelha? Neste experimento, testaremos o olho da abelha para determinar se ele é capaz de detectar diferentes cores. Primeiro, utilizando as cores vermelho, verde e azul, verificaremos se o olho responde às mesmas cores que a visão humana.

Realizaremos o mesmo experimento anterior com o ERG, só que, desta vez, projetaremos luzes coloridas sobre a abelha. Para isso, você precisará coletar 3 LED (vermelho, azul e verde) ou procurar um rolo de filme colorido para ser colocado sobre a sua lanterna. Quando estiver pronto, desligue a luz e projete aleatoriamente as cores sobre o olho da abelha.

Projete a luz colorida rapidamente sobre o olho para gerar um ERG. Repita o procedimento com as demais cores de forma aleatória. Você começará a observar um padrão interessante. Nem todas as cores produzem as mesmas respostas. Aliás, as respostas são drasticamente diferentes entre as cores, mas bastante consistentes para as projeções da mesma cor.

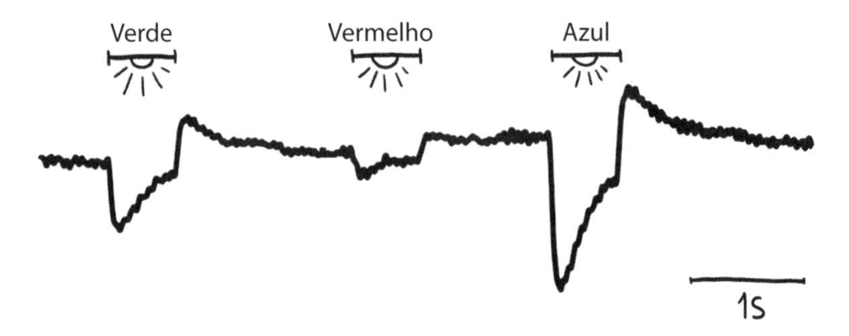

O que acontece nesse caso? Os fotorreceptores existentes no olho da abelha se desenvolveram para absorver fótons de apenas uma pequena faixa de comprimento de onda. Os nossos olhos, por exemplo, possuem três tipos diferentes de fotorreceptores sensíveis aos comprimentos de onda das cores vermelha, verde e azul. Esses tipos de fotorreceptor estão sendo ativados somente por fótons com comprimentos de onda situados no espectro vermelho, verde e azul, respectivamente. Quanto mais fótons adequados chegam aos fotorreceptores, mais eletricidade é gerada, a qual, por sua vez, codifica as informações visuais de nosso entorno em uma linguagem que o nosso cérebro compreende.

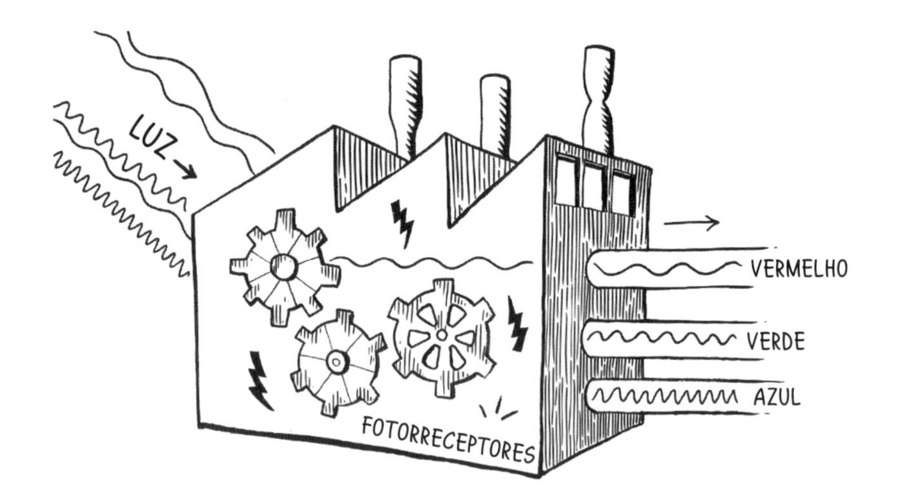

A partir dos dados registrados neste experimento, podemos ver que os comprimentos de onda vermelhos produziram um pequeno ERG, enquanto a cor azul produziu o maior sinal. O que isso diz sobre as cores que a abelha consegue ver? A luz vermelha deve ser quase invisível para a abelha, uma vez que vemos pouca conversão dos comprimentos de onda vermelhos para a atividade elétrica de que o cérebro necessita. O azul é muito mais forte do que o verde, o que indica que o olho possui muitos fotorreceptores que respondem a comprimentos de onda azuis.

Experimento: eletrorretinogramas de amplo espectro

Estamos agora começando a ter um quadro das cores que uma abelha é capaz de detectar. Neste experimento, pesquisaremos essa questão de forma um pouco mais cuidadosa, ampliando o espectro dos comprimentos de onda de modo a incluir algumas cores de luz que são invisíveis para o olho humano – infravermelho e ultravioleta. Realizaremos o experimento exatamente como antes, posicionando um eletrodo no olho, colocando uma caixa de papelão sobre o conjunto e piscando LEDs coloridos. Embora seja mais fácil controlar os pequenos LEDs, é necessária alguma habilidade em eletrônica para configurá-los. Alternativamente, você pode utilizar a sua lanterna com filtro de cores, mas precisará obter uma lanterna com infravermelho e ultravioleta (disponíveis na internet). Certifique-se de configurar o seu dispositivo para registrar os dados do eletrodo, e depois siga uma sequência aleatória com as cinco cores, estimulando todo o olho para cada uma.

Quando você terminar, podemos analisar e encontrar a média dos lampejos para cada cor. Isso nos permite obter um quadro claro da resposta do olho às diversas cores. Desse modo, você poderá determinar a sensibilidade do olho às cores medindo o tamanho relativo da deflexão do pico para cada cor. Coloque a média das respostas aos diversos comprimentos de onda em ordem sequencial e meça o pico de cada depressão no ERG.

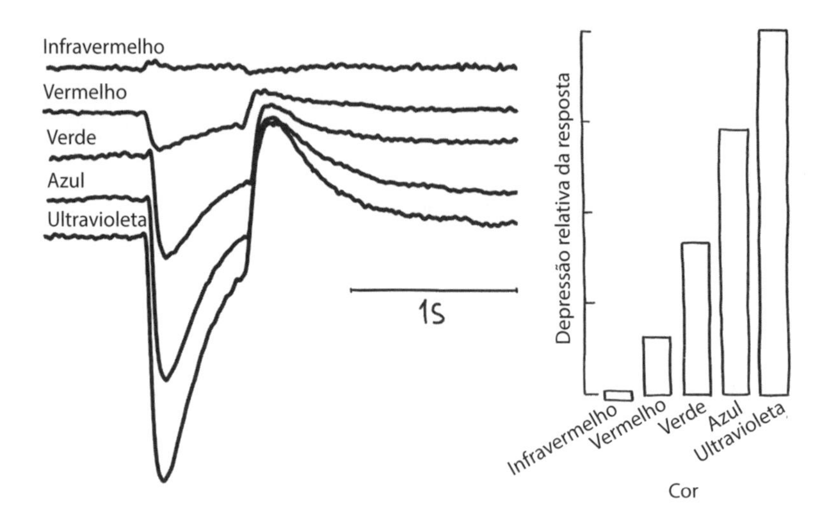

Incrível! A partir dos dados, parece que as abelhas conseguem ver muito bem a luz ultravioleta. Essa luz é invisível para nós, o que significa que as abelhas são capazes de enxergar coisas que nós não somos. As abelhas conseguem ver também as cores azul, verde e um pouco de vermelho. A luz infravermelha, no entanto, não desencadeia nenhum sinal em nossos registros. A forte resposta à luz azul poderia explicar por que as abelhas parecem tão profundamente atraídas por flores azuis. Mas ainda existe um mistério: por que ultravioleta? Como essa luz se apresenta? E por que as abelhas são tão sensíveis a ela?

Não é possível imaginar a luz ultravioleta, visto que somos cegos aos fótons que percorrem esse comprimento de onda. Os seres humanos possuem três tipos de fotorreceptores, vermelho-verde-azul; as abelhas possuem verde-azul-ultravioleta. A variação de cores é mais ou menos a mesma, mas invertida. Então, o que as abelhas veem? Podemos utilizar câmeras que nos forneçam algumas pistas. Convertendo os padrões ultravioleta presentes nas flores em cores que sejam visíveis para nós, começamos a notar um mundo secreto. Parece que as flores formam pequenas pistas de pouso para as abelhas ao usar o ultravioleta, orientando assim as abelhas para seu doce e saboroso néctar e pólen.

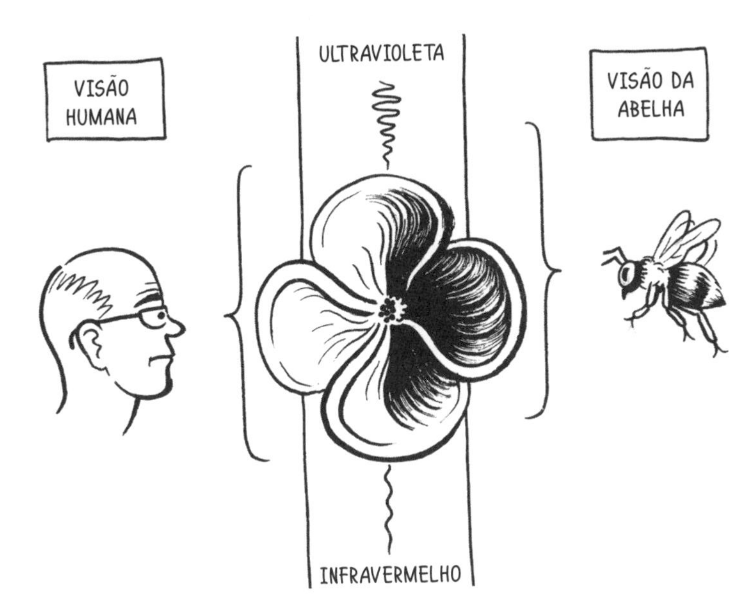

À esquerda, temos a nossa enfadonha visão humana de uma flor, e à direita a poderosa visão ultravioleta da abelha. Esse é um belo exemplo de como a visão da abelha coevoluiu com a cor e os padrões das plantas destinadas a atrair os agentes polinizadores mediante o uso de pistas visuais.

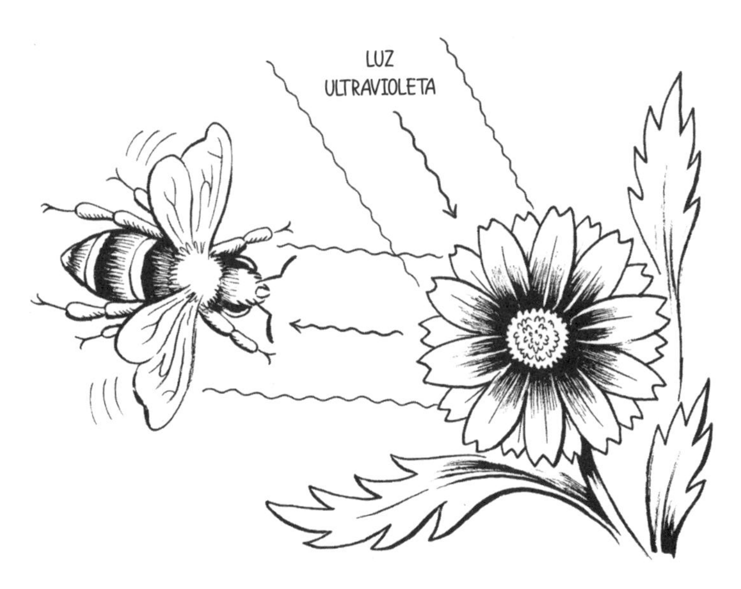

A visão cromática das abelhas foi descoberta inicialmente por Karl von Frisch (1914, Prêmio Nobel). Ele conseguiu demonstrar que as abelhas são capazes de estabelecer a diferenciação entre as cores de diferentes tonalidades de cinza. As abelhas conseguiram lembrar-se dos pedaços de papel colorido depois que von Frisch colocou pólen neles, visitando-os com mais frequência, mesmo na ausência de alimentos. O ERG é uma maneira elegante de confirmar fisiologicamente esses experimentos e de demonstrar a visão tricromática das abelhas, inclusive a sua diferença em relação à percepção visual que os seres humanos têm do mundo.

Perguntas de revisão

1. A televisão e o cinema transmitem sequências de imagens estáticas a uma velocidade suficientemente alta de modo a enganar o nosso cérebro para que enxerguemos o movimento. Essa velocidade das imagens que permite essa ilusão é conhecida como taxa de "fusão de estímulos intermitentes". Utilizando o ERG, você poderia determinar a taxa de fusão de estímulos intermitentes das abelhas? Em que taxa os múltiplos lampejos de luz parecem uma luz contínua?
2. Procure outro inseto que possua olhos. Faça uma previsão das cores que ele consegue ver, considerando o seu hábitat, e depois realize os seus experimentos com ERG de visão cromática. Os resultados corresponderam à sua hipótese?
3. De que maneira você perceberia o mundo diferentemente com olhos como os de um inseto?
4. Como os ERG se apresentariam se você não permitisse que os olhos se adaptassem ao escuro? Por que eles se apresentariam dessa maneira?

9

Neurofarmacologia

Examinamos cuidadosamente as diversas formas pelas quais o sistema nervoso de diferentes organismos interpreta informações utilizando eletricidade. Os picos ou potenciais de ação foram a moeda corrente básica da troca de informações, mas ainda há muito a ser descoberto sobre a maneira como os neurônios se comunicam uns com os outros, além da eletricidade. No final do século XIX, os cientistas estavam às voltas com a ideia dos neurônios e tentavam compreender melhor as redes neuronais. As duas principais teorias contestavam se os neurônios eram distintos (doutrina neuronal) ou se havia uma fusão entre eles (teoria reticular).

Novas pesquisas com microscópios extremamente potentes revelariam que os neurônios são de fato células distintas e não um emaranhado. E somos gratos por isso! Se o cérebro fosse um único neurônio gigante, nosso sistema nervoso seria efetivamente destituído de qualquer tipo de capacidade de decisão. Se um sinal fosse enviado, ele continuaria a percorrer o sistema nervoso em alta velocidade e de forma indiscriminada. Em vez disso, o sistema nervoso é composto por dezenas de bilhões de pequenas unidades processadoras denominadas neurônios que se comunicam utilizando uma combinação de sinais elétricos e químicos. O ponto crucial dessa comunicação é a sinapse.

A sinapse é uma fenda muito pequena entre os axônios e os dendritos. Essa fenda tem cerca de 20 nm de largura (equivalente a quatro milésimos da largura de um fio de cabelo humano), o que significa uma aproximação tão impossível que se manteve fora do alcance da visão até que o microscópio eletrônico fosse utilizado na década de 1950. A sinapse se desenvolveu de modo a ser pequena e propiciar a velocidade. Os picos são rápidos e chegam rapidamente aos terminais de um axônio, onde são liberadas substâncias químicas chamadas neurotransmissores. Mas essas substâncias se dissipam lentamente, de modo que as curtas distâncias conseguem acelerar muito esse processo de comunicação.

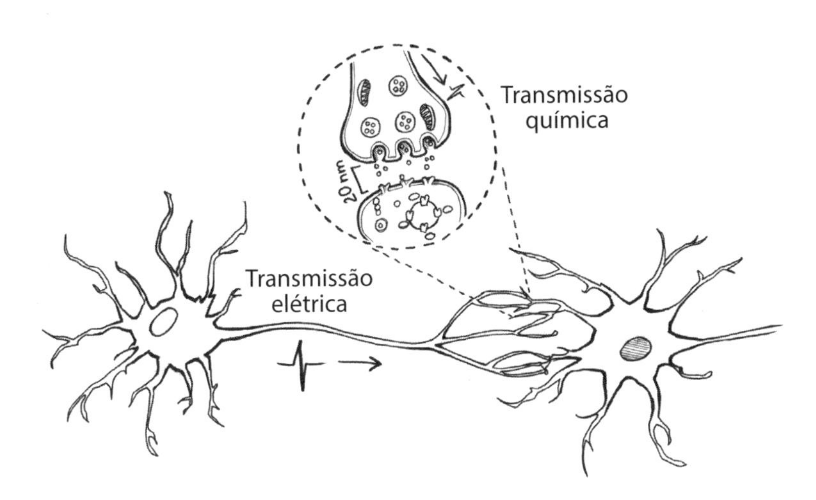

Mas o que os neurotransmissores fazem realmente com os dendritos das células receptoras? Eles aumentam – ou, talvez, diminuem – a voltagem? Neste conjunto de experimentos, tentaremos compreender os papéis dos neurotransmissores.

Experimento: o sistema de cercos dos grilos

Para investigar os neurotransmissores em todo o sistema nervoso central, vamos utilizar um novo organismo como modelo: o grilo comum. Encontrar grilos é fácil. Você pode capturá-los no mato, em qualquer lugar em que ouça o seu canto característico. Ou, se não estiver disposto a perseguir um grilo hoje, eles estão prontamente disponíveis nas *pet shops* locais como insetos utilizados para alimentar répteis.

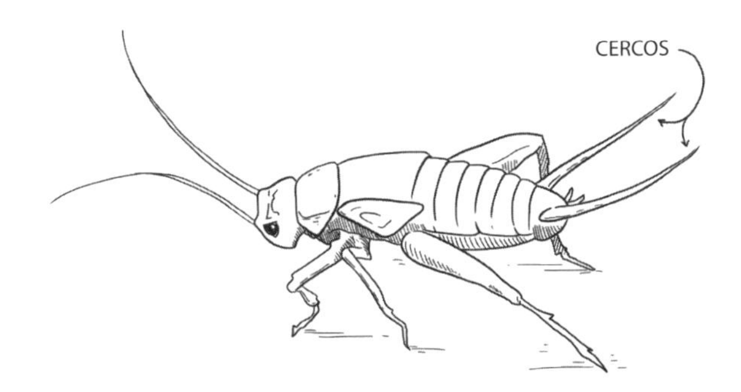

Os grilos possuem grandes órgãos dos sentidos, chamados "cercos", no segmento posterior do corpo, os quais são muito sensíveis à vibração do vento. Os cercos se parecem com um par de antenas que se projetam da extremidade posterior do inseto. Efetuaremos os registros a partir desse sistema de cercos para que possamos ver os efeitos dos diversos neurotransmissores.

Vamos começar. O primeiro passo é familiar: coloque o seu grilo na água gelada para anestesiá-lo. Utilize fita adesiva para fixar o grilo sobre uma superfície de cortiça ou pau-de-balsa, mas sem cobrir os cercos. Fixe os eletrodos do seu bioamplificador ao longo do eixo central do inseto, com o pino terra próximo ao centro e o eletrodo registrador próximo aos cercos.

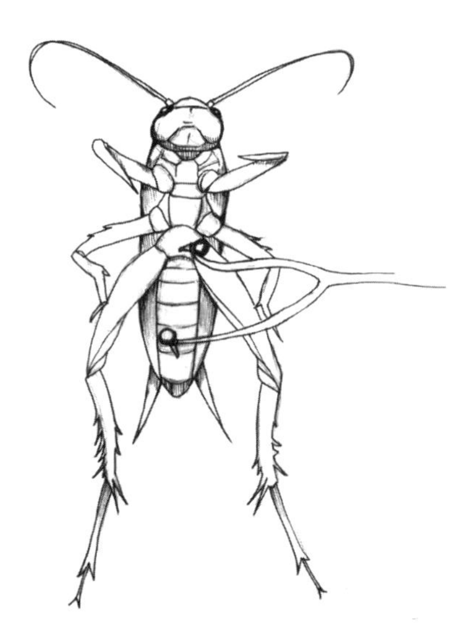

Cerca de 2 a 4 minutos serão suficientes para que o grilo se "aqueça". Em seguida, sopre suavemente na parte posterior do inseto. Você deverá ver os cercos se movimentarem com a pressão do seu sopro. Você deverá também ouvir um aumento da atividade de pico no seu SpikerBox. Esses picos são menores, de modo que poderão não soar tão altos quanto os picos que você está acostumado a ouvir com o experimento com pernas de barata. Mas se estiver atento, você deverá ouvi-los suficientemente bem. Registre algumas sessões de sopro sobre o sistema de cercos. Esse será o nosso experimento de controle.

Agora sabemos qual deve ser o som da resposta dos cercos.

Experimento: neurotransmissores inibitórios

Neste experimento, começaremos a testar o efeito dos compostos sobre os neurônios do sistema nervoso central. Traremos à cena uma quantidade minúscula de uma solução química e depois procuraremos alterações na atividade do sistema nervoso quando estimulamos o seu sistema de cercos.

Existem várias substâncias que afetam os neurônios, mas conseguir várias delas pode ser ilegal ou perigoso (como os narcóticos). Reservaremos essa pesquisa a profissionais bem subsidiados que possam enfrentar toda a burocracia associada. Felizmente, como neurocientistas DIY, podemos simplesmente ir ao supermercado e encontrar muitas substâncias químicas neuroativas de baixo custo. Neste experimento, vamos considerar um ingrediente usado em culinária: o glutamato monossódico, mais conhecido como GMS. O GMS é conhecido pelo seu incrível *umami* ou gosto saboroso. Dissolvido em água, transforma-se em íons de sódio com carga positiva e íons de glutamato com carga negativa.

GLUTAMATO

Para criar a sua solução de glutamato, você precisa ir atrás de um GMS em pó/cristalizado na seção de temperos do supermercado. Pegue um frasco transparente vazio (desses de remédio), coloque aproximadamente um quarto de cristais de sal GMS e encha o restante do frasco com água, agitando bem para dissolver o GMS. Observe que o GMS não se dissolverá totalmente, produzindo uma solução saturada. Preencha uma seringa com uma pequena quantidade (0,1 cc) da solução de GMS. Utilizamos para este experimento seringas de insulina, livremente disponíveis para venda em qualquer farmácia.

Repita o preparo do experimento anterior com o grilo e registre algumas respostas ao sopro. Em seguida, com a seringa, injete uma quantidade minúscula de solução de GMS próximo aos cercos do grilo. Aguarde alguns segundos após a injeção e, depois, ouça e observe o seu sinal. Veja se consegue observar alguma diferença na frequência de disparo sem estimulação. Compare esse sinal com o registro de controle anterior, quando o grilo estava em repouso e foi estimulado antes da injeção de GMS. Em seguida, sopre os cercos novamente.

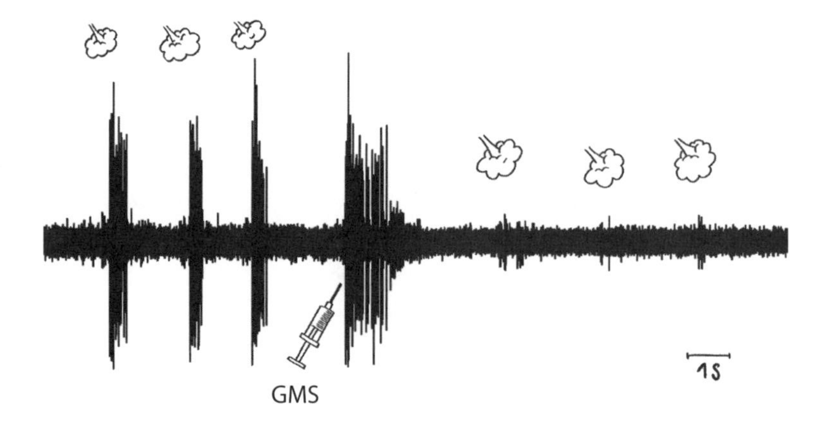

Você deverá notar uma diferença, mas talvez não o que você esperava! Em nossos experimentos, a solução de glutamato praticamente neutralizou os disparos de todos os neurônios do sistema de resposta dos cercos. Como isso ocorre? Mediante conexão dos neurônios por meio dos receptores de glutamato na sinapse.

Esses receptores constituem um dos casos em que o grilo diverge do sistema humano. Tanto os seres humanos quanto os grilos utilizam o glutamato, mas, evidentemente, isso significa coisas diferentes para eles. Nos seres humanos, o glutamato é um poderoso neurotransmissor excitatório. O preenchimento de uma sinapse humana com glutamato provocará a abertura dos canais de sódio, criando uma diferença elétrica provavelmente capaz de disparar um potencial de ação.

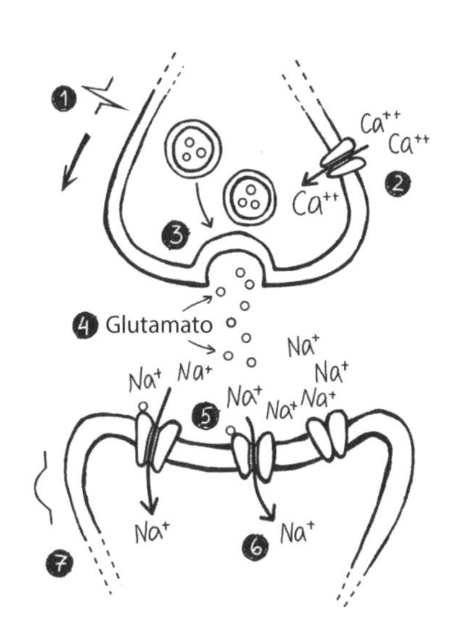

1. O potencial de ação alcança a extremidade do axônio.
2. Provocando a entrada do cálcio em razão da sensibilidade dos canais de Ca^{++} à voltagem.
3. Fazendo com que as vesículas sinápticas se fundam com a membrana.
4. Gerando a liberação do glutamato na sinapse.
5. O qual se liga aos canais iônicos dependentes de ligantes provocando a sua abertura.
6. Resultando no influxo de sódio e uma alteração na voltagem.
7. Chamada potencial sináptico.

Na realidade, mais de 80% das sinapses produzidas no seu cérebro utilizam o glutamato como seu neurotransmissor excitatório.

Entretanto, acabamos de observar o oposto em nosso grilo. A adição de glutamato às suas sinapses, na verdade, inibe a atividade neural. No sistema nervoso central dos vertebrados, os canais inibitórios são controlados principalmente por um neurotransmissor denominado Gaba. Portanto, vemos, nesse caso, uma grande diferença entre o ser humano e o inseto. Ambos utilizam o mesmo glutamato neurotransmissor, mas com efeitos completamente diferentes.

Experimento: neurotransmissores excitatórios

Neste experimento, tentaremos injetar uma substância farmacológica diferente: a nicotina, um estimulante natural proveniente do tabaco. Sabemos que a nicotina afeta os neurônios por se tratar de uma substância química altamente viciante para os seres humanos. Portanto, vamos ver como a nicotina afeta os neurônios dos invertebrados. Será que os grilos começariam a fumar se tivessem essa chance?

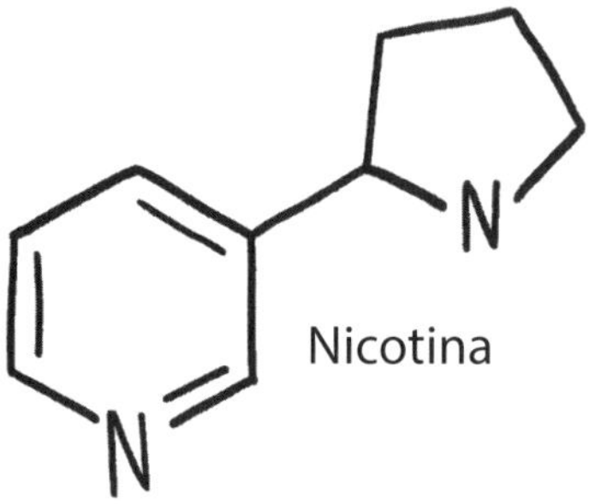

Nicotina

Para criar uma solução de nicotina, pegue um cigarro ou um charuto pequeno, remova as folhas de tabaco trituradas e coloque-as em um frasco pequeno (um frasco de remédio transparente, por exemplo). Em seguida, preencha o restante do frasco com água, coloque a tampa, agite a mistura e deixe-a descansar por dois dias para que a nicotina seja destilada na solução. Com o tempo, o líquido deverá ficar com uma coloração marrom-amarelada. Preencha outra seringa com uma pequena quantidade (0,1 cc) da solução de nicotina.

Prepare o sistema de cercos como descrito anteriormente e efetue o registro com algumas respostas ao sopro. Em seguida, com a seringa, injete um pouquinho da solução de nicotina no grilo, próximo aos cercos. Aguarde alguns segundos e, depois, observe e ouça com atenção. Você deverá começar a ouvir um grande aumento da atividade e ver a contração das pernas do grilo.

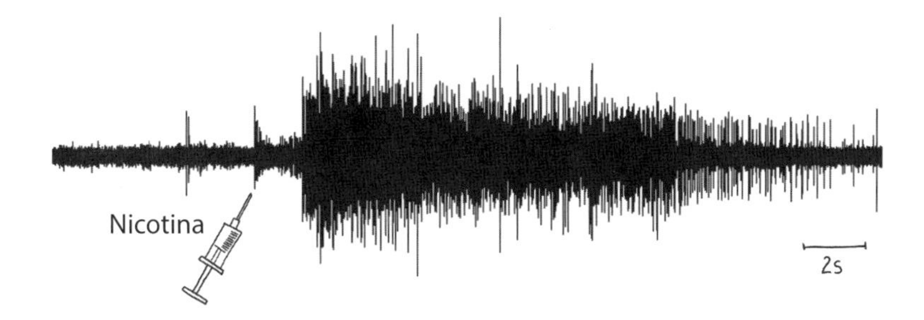

O que acontece? Após a injeção da solução de nicotina, podemos observar visualmente uma drástica diferença na frequência de disparo dos neurônios no sistema nervoso central do grilo. A nicotina age como um neurotransmissor excitatório. A nicotina injetada liga-se aos receptores de acetilcolina nicotínica na sinapse, tornando-os hipersensíveis à acetilcolina. A sinapse contém acetilcolina suficiente para fazer com que os neurônios disparem picos como loucos.

Por que, então, o tabaco produz nicotina? Este experimento fornece uma boa dica. O alcaloide nicotina é produzido naturalmente no tabaco como uma substância química defensiva para repelir insetos. Trata-se de uma neurotoxina para os insetos, mas nos seres humanos os receptores de acetilcolina nicotínica encontram-se principalmente na interface humana entre nervos e músculos. Desse modo, a nicotina age como um estimulante em nosso sistema neuromuscular.

Perguntas de revisão

1. Por que mudamos para o sistema de cercos dos grilos? Nós poderíamos ter realizado esses experimentos com o nosso esquema da perna da barata?
2. Quais outras substâncias químicas que afetam os neurônios você poderia utilizar para testar a reação do sistema de cercos dos grilos? Pense nas substâncias que afetam o sistema nervoso.
3. Você poderia replicar o neurotransmissor excitatório com essências "vaporizadas"? Afirma-se que essas substâncias contêm concentrações muito específicas de nicotina. Você vai querer observar os efeitos que a solução de propilenoglicol pode ter.

PARTE II

O CÉREBRO

10
Veja o seu próprio cérebro

Se você perguntasse aos seus amigos e colegas o que os neurocientistas fazem com exatidão, eles provavelmente responderiam: "Eles estudam o cérebro!". Já vimos que a neurociência é muito mais ampla do que apenas o cérebro e abrange todos os campos dedicados aos sistemas sensoriais discutidos até aqui em nossos organismos-modelo. Mas não há como negar que muitos acham que o cérebro em si é um mar de mistérios. E, neste capítulo, começamos a "entrar na água" e compreender um pouco mais o funcionamento do cérebro.

Para entender verdadeiramente como algo funciona, precisamos mensurá-lo. O cérebro não é nenhuma exceção. Em nossa última seção, medimos a atividade elétrica dos neurônios de nossos organismos-modelo conectando pequenos fios próximo aos axônios dos neurônios vivos. Utilizando instrumentos como tesouras, alfinetes e afiadas agulhas de registro, conseguimos "espionar" a comunicação dos neurônios à medida que as informações eram processadas. Por diversas razões, é possível e até mesmo relativamente fácil registrar os neurônios nos invertebrados. Primeiro, os neurônios dos insetos não possuem a camada de isolamento elétrico (chamada mielina) encontrada em nossos neurônios. Essa ausência de mielina torna a corrente que medimos muito maior e mais fácil de registrar. Segundo, os nossos modelos de invertebrados, por definição, não possuem ossos. Eles possuem uma casca externa facilmente penetrável por eletrodos pontiagudos. Uma vez inseridos, os eletrodos podem se acomodar bem próximo aos axônios, neurônios e músculos eletricamente ativos.

Os seres humanos, por outro lado, possuem um crânio espesso que protege o cérebro. A maneira mais óbvia de efetuar o registro dos neurônios em um ser humano é perfurando o crânio para abrir caminho e colocando os eletrodos no interior do cérebro. É isso que geralmente acontece durante uma cirurgia cerebral (com o uso de instrumentos mecânicos para abrir o furo). Inserem-se alguns fios – e, aí está, funciona! É possível ouvir os picos como em nossos experimentos anteriores. Mas é óbvio que você não consegue fazer isso em casa, uma vez que os resultados provavelmente seriam fatais (para não falar na complexidade). Portanto, você precisará encontrar uma maneira de registrar os sinais elétricos do seu próprio cérebro sem cutucar, cortar, serrar ou perfurar o seu crânio para abrir caminho. Que tal por fora do corpo? Isso parece funcionar nos hospitais, onde os sinais cardíacos são monitorados sem acesso direto ao coração. E se nós quiséssemos apenas colocar os eletrodos pelo lado de fora do crânio, acima do cérebro?

Experimento: eletroencefalografia (EEG)

Para este experimento, precisaremos conectar nossa cabeça ao SpikerBox. Uma maneira simples de fazer isso é inserindo dois rebites de pressão de metal em uma bandana e colocá-la na cabeça normalmente. A razão para a bandana (além de dar um bom visual) está na facilidade para posicioná-la em diferentes áreas em torno da cabeça, além de ser mais fácil a fixação dos eletrodos de metal do SpikerBox aos rebites de metal colocados na bandana do que diretamente na sua pele. De posse da sua bandana, posicione-a de modo que os rebites de metal fiquem posicionados logo acima da sua testa.

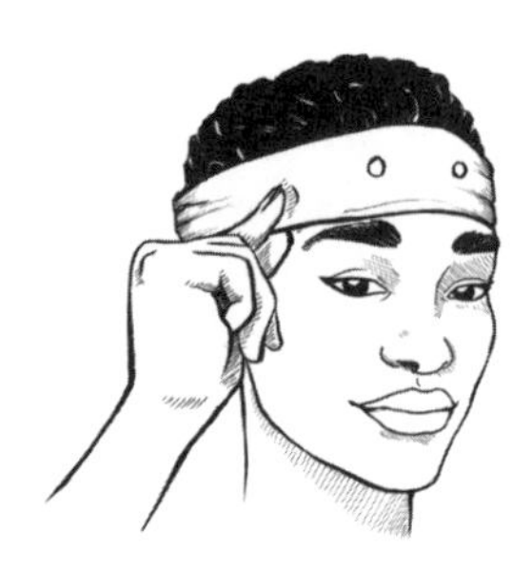

Em seguida, coloque um eletrodo adesivo de EEG sobre o osso atrás da sua orelha. Esse osso é denominado processo mastoide e é um local bom e silencioso sem muita atividade cerebral. Antes de conectar a bandana ao SpikerBox, precisaremos aplicar algumas gotas de gel para eletrodo embaixo dos grampos de metal para que possamos criar uma conexão elétrica entre o seu couro cabeludo e os eletrodos da bandana. O gel para eletrodo contém íons carregados que permitem que a eletricidade produzida na cabeça flua mais facilmente para os rebites de metal. Quando estiver tudo pronto, você pode prender os grampos registradores vermelhos aos grampos de metal da sua bandana, e o grampo terra preto ao eletrodo adesivo atrás da sua orelha. Conecte todos os eletrodos ao seu SpikerBox.

Está na hora de começar a registrar. Diferentemente dos experimentos de laboratório realizados com a barata na Parte I, agora precisaremos ser um pouco mais cuidadosos com os ruídos externos em nosso sistema. Recomendamos que você efetue os seus registros em um *laptop* com bateria, *tablet* ou celular – qualquer coisa não conectada a uma tomada na parede.

Conecte o seu SpikerBox ao seu *tablet* ou computador e abra o SpikeRecorder. Você provavelmente verá uma linha plana de inatividade, mas não se assuste! Muito provavelmente, você não está morto, tem apenas uma conexão elétrica ruim entre o SpikerBox e a sua cabeça. Tente acrescentar um pouco mais de gel para eletrodo e mexa com o contato entre os eletrodos e o seu couro cabeludo. Se a sua conexão estiver boa, você começará a ver que o sinal está se movendo muito lentamente.

100 ms

Isso pode parecer um tanto estranho em um primeiro momento. O sinal parece estar muito plano comparado a outros registros que fizemos até agora. Não se trata de erro. Os registros do cérebro através do couro cabeludo, da pele e do cabelo são considerados um sinal muito "fraco" em comparação com os registros internos. Para uma melhor visualização, vamos aumentar o ganho no *software*.

Assim parece melhor! Agora podemos realmente ver que algo está acontecendo. Veja o eletroencefalograma, ou EEG! Observe que o registro do EEG parece muito mais ondulado do que em forma de pico. Talvez essa linha que se move lentamente esteja codificando os nossos pensamentos? Vamos testar isso. Procure pensar em duas coisas diferentes, indo e voltando, para a frente e para trás. Você observa alguma diferença confiável entre os dois pensamentos? É melhor imaginar duas noções completamente independentes, ou diferentes pensamentos envolvendo situações estressantes ou relaxantes.

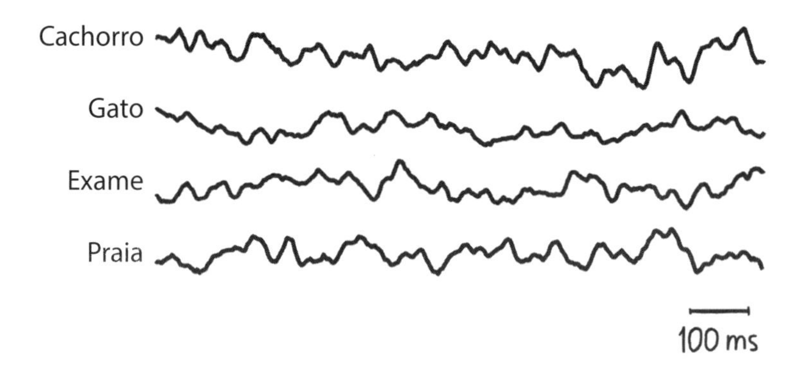

É difícil observar quaisquer padrões reconhecíveis nesses recortes de 1s do mapeamento de dados brutos do EEG. Talvez o EEG codifique a "força" relativa dos pensamentos, como os nossos experimentos de codificação de frequência neuronal do Capítulo 3. Enquanto observa o seu registro, pense na cor azul. Pense com força! Agora pense, digamos, de leve.

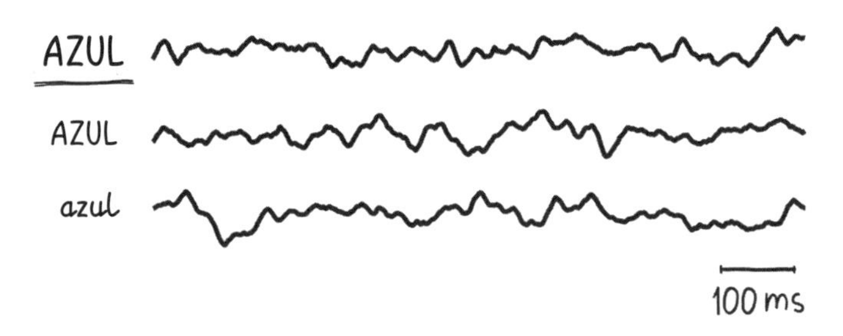

Hmmmm... Há algumas coisas a serem observadas aqui. Primeiro, pode ser difícil realizar experimentos humanos sobre pensamentos conscientes. Precisaremos produzir melhores estímulos. Além disso, os sinais do EEG parecem quase aleatórios – de novo! Mas como pode isso? Temos certeza de que estamos efetuando registros a partir do cérebro. O cérebro não controla os nossos pensamentos? Não deveríamos, então, ser capazes de ver, pelo menos, alguma diferença entre o pensamento envolvendo objetos *versus* atividades? Para entender o que está acontecendo aqui, precisaremos realizar mais experimentos.

Experimento: ritmos alfa do córtex visual

Embora a qualidade do sinal do EEG possa parecer decepcionante quando você o compara à ação robusta e rica em informações que vimos com os picos nos nossos organismos-modelo, isso é natural nas pesquisas com EEG. Os sinais são fracos e lentos, mas será que eles contêm informações sobre o que o cérebro está pensando?

Para descobrir, vamos realizar um novo experimento. Desta vez, gire a bandana até que os eletrodos de metal estejam na parte posterior da cabeça. Estamos visando agora o lobo occipital de nosso cérebro. Nas pesquisas com EEG, as posições dos eletrodos recebem identificadores para facilitar a comunicação com outros cientistas sobre os seus experimentos. Esses identificadores geralmente correspondem à região em que eles estão posicionados. Por exemplo, estamos agora efetuando registros do lobo occipital a partir de O1 e O2.

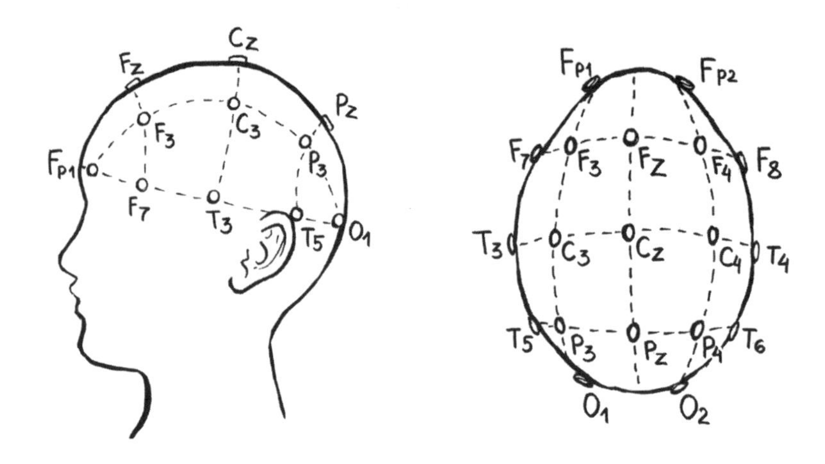

Igual à vez passada, aplicaremos um pouco de gel para permitir uma boa conexão elétrica por baixo dos eletrodos. Desta vez, certifique-se de que o gel penetre no seu cabelo e chegue ao couro cabeludo. A sensação deve ser de um ponto frio na sua cabeça quando o gel é aplicado de maneira adequada. Caso você tenha muito cabelo, você poderá precisar que um amigo divida o seu cabelo e aplique o gel de modo a permitir um bom contato com o seu couro cabeludo. Não há necessidade de raspar o cabelo para os fins da neurociência – a menos que você realmente queira. Novamente, manteremos o eletrodo terra posicionado no processo mastoide.

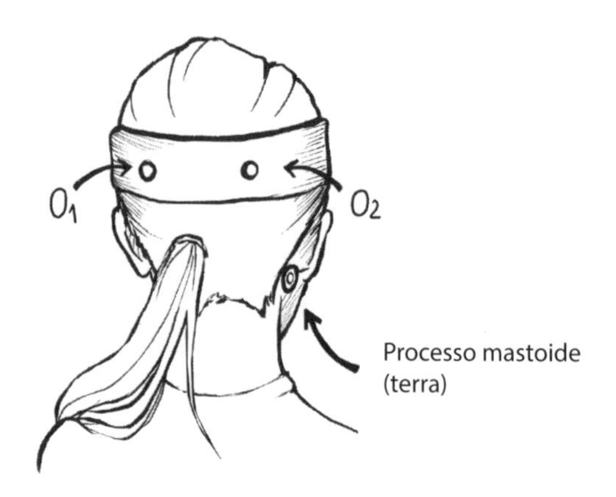

Quando você estiver pronto, ligue o seu SpikerBox e comece a registrar. Depois de ajustar a tela para que você possa ver o sinal ondulado do EEG novamente, estamos prontos para começar. Sentado imóvel, mantenha os olhos abertos por 10 s, depois feche-os por mais 10 s. Observe a cada vez que abrir e fechar os olhos para que possamos distinguir esses momentos ao voltarmos para examinar os dados após o término do experimento.

E então, quais são os resultados? Com os olhos abertos, a nossa linha lembra o sinal do EEG que estávamos acostumados a ver em nossos experimentos anteriores. Mas quando os olhos se fecham, algumas coisas acontecem. Primeiro, você pode ver um registro do movimento dos músculos nas pálpebras (os músculos podem ser o fardo na vida do pesquisador de EEG). Quando os olhos permanecem fechados, no entanto, algo de diferente acontece com o sinal do EEG. Parece haver uma atividade muito mais ondulada com os olhos fechados do que com os olhos abertos.

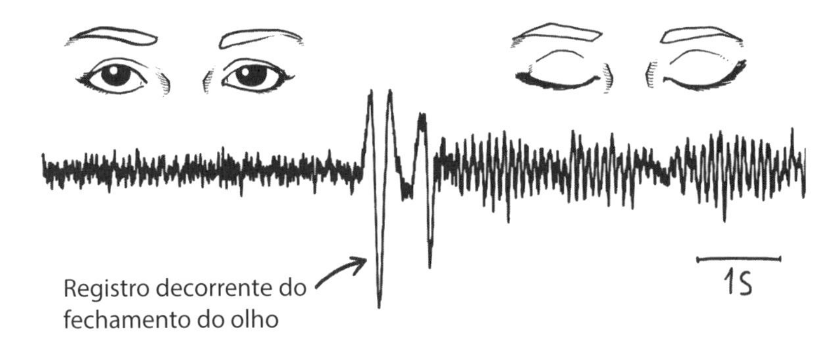

O EEG está mudando em resposta ao estímulo visual ou à sua falta. Parece que o lobo occipital pode estar processando os estímulos visuais provenientes dos olhos. Vamos examinar melhor esse sinal ondulado e começar a quantificar o que está acontecendo. No registro efetuado, vemos um intervalo de tempo um pouco mais longo. Há alguns segundos de atividade do EEG antes e depois que os olhos se fecham. Observe o aumento de tamanho dos padrões de ondulação do lado direito (olhos fechados) e do lado esquerdo (olhos abertos). A barra do tempo mostra 1 s, e nós podemos utilizá-la para determinar o número de oscilações por segundo nos padrões de onda.

Às vezes, entender as mudanças de frequência no EEG em função do tempo pode ser um desafio. Portanto, vamos utilizar uma onda mais simples para nos acostumarmos com o conceito. Veja, a seguir, duas ondas sinusoidais:

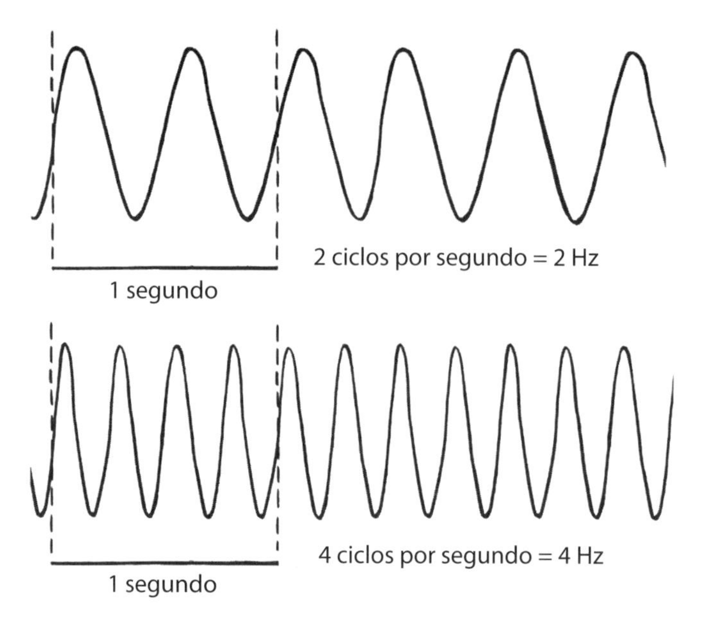

Você pode ver pela barra de tempo de 1s no mapeamento superior uma oscilação de aproximadamente 2 ciclos por segundo (2 picos ou 2 depressões por segundo). O mapeamento inferior apresenta uma oscilação de 4 ciclos por segundo. Vamos imaginar uma mudança de sinal em 4 Hz e 2 Hz:

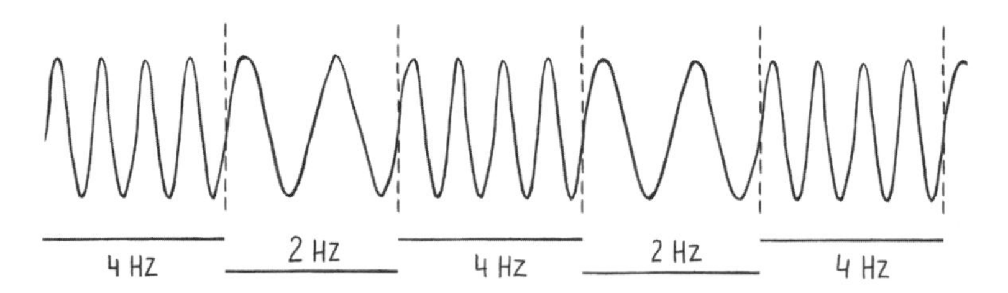

Você pode ver a mudança de sinal em 4 Hz e 2 Hz. Novamente, uma maneira rápida de observar uma frequência dominante no EEG é contar o número de picos ou depressões em um intervalo de 1 segundo.

Vamos retornar, então, ao nosso registro com os olhos fechados e contar o número de picos decrescentes nas oscilações do EEG, começando do início para o fim da barra de tempo (você pode utilizar a sua caneta para tocar e contar cada pico). Existem aproximadamente 10 oscilações nesse intervalo de tempo de 1 segundo, e a representação gráfica de 10 por segundo é "10 Hz" (Hz = 1/s). Essa frequência de 10 Hz da oscilação do cérebro é chamada de onda "alfa", e os nossos dados mostram que a força (altura) das oscilações da onda alfa aumenta quando os olhos estão fechados. Esse ritmo de 10 Hz foi descoberto inicialmente (em conjunto com o próprio EEG, por assim dizer) de um jeito um tanto quanto improvável.

O psiquiatra alemão Hans Berger (1873-1941) sofreu um baita acidente militar quando participava de uma cavalgada militar na década de 1890. Isso não teria sido nada demais se sua irmã não tivesse lhe enviado um telegrama, a quilômetros de distância, expressando uma recente sensação de temor pela segurança de seu irmão. Essa coincidência deixou Berger seriamente confuso, de modo que ele resolveu explicar como essa "telepatia espontânea" poderia funcionar. Como ele poderia tê-la usado para transmitir informações sobre a sua saúde à irmã? Para desvendar esse mistério, ele realizou uma série de criteriosos registros elétricos da cabeça de seres humanos.

Berger desenvolveu um instrumento para registar a corrente elétrica do cérebro a partir da superfície do couro cabeludo, utilizando elásticos e papel-alumínio – não muito diferente das bandanas e rebites que você está usando agora. Ele foi também a primeira pessoa a descrever as diferentes ondas ou ritmos presentes no cérebro. Embora não tenha determinado um meio telepático (os sinais que ele encontrou eram demasiadamente fracos para percorrer grandes distâncias), ele fez uma descoberta histórica nesse percurso. Esse episódio fez dele o primeiro cientista a descobrir que é possível registrar a atividade elétrica do cérebro utilizando o eletroencefalograma. A primeira onda que Berger descobriu foi a do ritmo de 10 Hz do nosso experimento visual, que ele denominou ritmo "alfa".

Mas por que esse ritmo alfa acontece quando os nossos olhos estão fechados e não abertos? A resposta está no grau de "sincronicidade" da atividade cerebral. Quanto mais síncronos os neurônios no seu cérebro, menor o processamento de dados. Isso leva ao paradoxo de que, quanto mais forte é o sinal elétrico que conseguimos registrar na superfície do seu couro cabeludo, menos interessantes são as coisas que o seu cérebro está fazendo.

Quando os nossos olhos estão abertos, os neurônios do córtex visual conseguem funcionar, processando ricas informações que passam diante da retina. Dada a complexidade da visão, há pouca atividade síncrona com outras partes do campo visual. Quando você fecha os olhos, o seu córtex visual para de receber informações complexas dos seus olhos. A pirotecnia de informações visuais é então substituída pela escuridão. A festa termina, e agora os neurônios do córtex visual estão todos fazendo a mesma coisa ao mesmo tempo – aguardando um estímulo. Enquanto isso, eles estão processando a escuridão em um modo inativo de sincronia que aparece em nossos registros como a onda alfa.

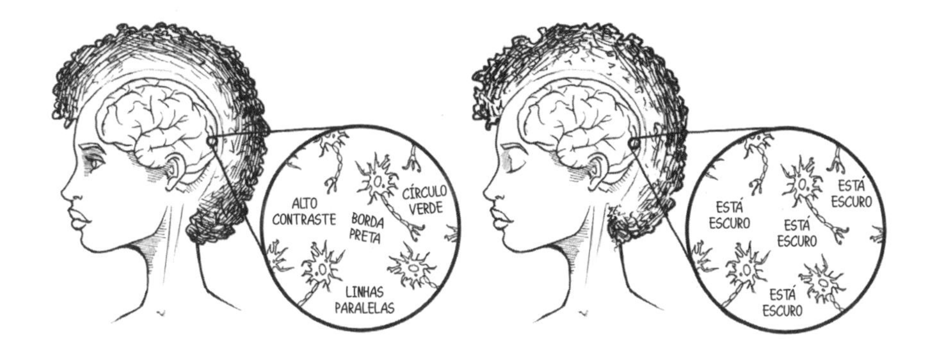

Para compreender por que somente a atividade síncrona pode ser visualizada no EEG, vamos fazer um experimento de pensamento. Imagine um estádio durante um jogo de beisebol com pessoas conversando. Se você estiver do lado de fora do estádio, tudo o que ouvirá será um murmúrio sem forma. Muitas coisas interessantes estão sendo ditas (provavelmente), mas você não consegue detectá-las ou discerni-las de fora do estádio. Isso é semelhante ao nosso EEG. O lado de fora do crânio está muito distante para ouvir as conversas dos neurônios individuais.

Vamos agora ajustar esse conceito de modo a imaginar todos os fãs de esportes presentes no estádio fazendo a mesma coisa – cantando o hino nacional, por exemplo. Certamente podemos ouvir a canção, embora distorcida, do lado de fora do estádio, e sabemos que o jogo está prestes a começar. Trata-se de algo semelhante às lentas ondas que o seu cérebro gera durante o sono profundo ou às ondas alfa que o córtex visual gera quando os seus olhos estão fechados. A multidão de neurônios está fazendo a mesma coisa ao mesmo tempo (aguardando na boa).

O evento mais audível que conseguimos detectar do lado de fora do estádio é quando o time da casa pontua, enquanto uma imensa população dentro do estádio grita em uníssono, muito alto, exatamente ao mesmo tempo. Quando grandes populações de neurônios no nosso cérebro fazem isso (todos disparando potenciais de ação ao mesmo tempo), ocorre o que chamamos de epilepsia, que é algo muito perigoso, porém muito fácil de ser visualizado no EEG.

Portanto, para produzir um sinal oscilante no EEG, os neurônios precisam disparar de forma síncrona na mesma região ao mesmo tempo. Considerando a forma como o nosso cérebro é estruturado em colunas, há um ordenamento dos neurônios, todos alinhados juntos em uma direção semelhante. Quando esses neurônios recebem picos excitatórios de entrada, a sua voltagem interna aumenta ligeiramente. Essa alteração elétrica é denominada potencial excitatório pós-sináptico (PEPS). Esses aumentos de voltagem são muito pequenos (1 a 4 mV), mas podem durar de 15 a 20 ms antes de se dissiparem.

Um PEPS é, por si só, demasiadamente pequeno para ser detectado na superfície. Mas se houver um número suficiente deles ocorrendo ao mesmo tempo e no mesmo local no cérebro, a sua voltagem pode amplificar-se muito, podendo aumentar a ponto de poder ser registrada do lado de fora do crânio.

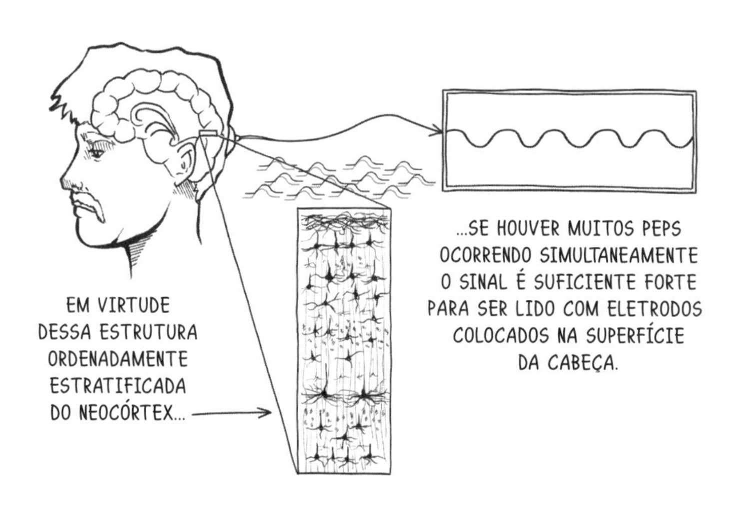

Essas explicações servem para mostrar como até mesmo um século inteiro pode mudar surpreendentemente pouco. Continuamos interessados em muitas das questões que confundiam os cientistas à época de Hans Berger, e ainda utilizamos alguns dos mesmos métodos. Mas com essas habilidades fundamentais, podemos começar a realizar muitos experimentos mais simples com o EEG que poderão nos ajudar a compreender melhor a natureza do cérebro.

Perguntas de revisão

1. Dizemos aqui que os ritmos alfa, na verdade, não refletem o que uma pessoa está pensando, mas será verdade? Tente registrar os ritmos alfa de uma pessoa enquanto ela estiver tendo diferentes pensamentos. Há algum efeito? Por que ou por que não?
2. Que efeito determinadas condições e fatores produzem na aparência da onda alfa? Por exemplo, a idade e o sexo de uma pessoa, o seu tempo de sono, se ela ingeriu cafeína recentemente. Por que você acha que esses fatores influenciam ou não?
3. Tente efetuar os registros a partir de diferentes partes da região occipital de uma pessoa. Há uma posição ideal para a observação dos ritmos alfa? A que distância dessa posição você ainda consegue visualizá-los?
4. Tente efetuar os registros em outros pontos do couro cabeludo de uma pessoa. Você vê algum outro tipo de onda? Qual a frequência? Há alterações na atividade gerada em outras partes do cérebro durante as condições de olhos abertos ou fechados?

11
O sono

O sono constitui uma parte crucial da nossa vida diária. Passamos um terço de nossas vidas dormindo. Trata-se de um fenômeno tão essencial à nossa vida diária que geralmente não lhe damos o devido valor. E embora você não saiba exatamente o que acontece quando você dorme, é provável que você saiba muito bem o que acontece quando você não dorme. Ficar acordado até tarde quando estamos viajando, trabalhando ou estudando pode afetar drasticamente o nosso humor e a nossa lucidez no dia seguinte.

O sono faz parte do ciclo diário orquestrado pelo nosso cérebro. Para ter uma ideia melhor do que o nosso cérebro faz durante o sono, podemos tentar examinar as ondas cerebrais produzidas durante uma boa noite de sono.

Experimento: EEG do ciclo do sono

Para este experimento, você precisará pedir a um amigo que atue como voluntário para tirar uma soneca. Mas antes que ele vá dormir, você precisará amarrar uma bandana sobre a parte do cérebro chamada córtex frontal. Essa região está localizada na parte da frente de nosso crânio, atrás da testa. Conecte um eletrodo terra a uma região óssea logo atrás da orelha e prenda os demais aos eletrodos fixados à bandana. Utilizando o mapa de localização padrão para EEG apresentado no capítulo anterior, efetuaremos os registros a partir da localização dos eletrodos Fp1 e Fp2 (Fp é a abreviatura de pré-frontal). Você agora deve estar pronto para registrar os sinais elétricos da bandana novamente. Se parecer que a sua conexão não está boa, você pode acrescentar mais gel para eletrodo entre os eletrodos de metal e a pele.

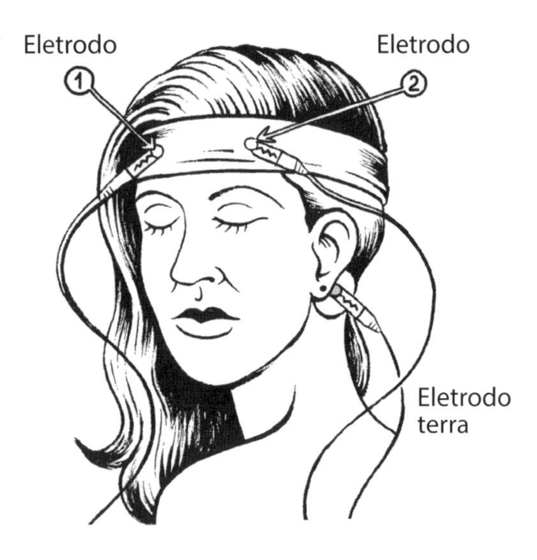

Agora que você já conectou os fios, está na hora do seu amigo dar um cochilo. Peça-lhe que se deite confortavelmente em um sofá e arrume o seu equipamento sobre uma mesa próxima. Os eletrodos devem ser posicionados na testa, de modo que, se o seu amigo adormecer enquanto estiver deitado de costas, você deverá estar com tudo pronto. A bandana do EEG funciona melhor para cochilos uma vez que o sono da noite envolve movimentos do corpo que modificam a sua configuração. Coloque um alarme para, pelo menos, 90 minutos. A maioria das pessoas não consegue pegar no sono imediatamente, portanto, você deve acrescentar mais 10 ou 20 minutos apenas por precaução. Embora seja possível realizar este experimento sozinho, achamos mais fácil efetuar os registros em outra pessoa para que você possa observar os sinais enquanto a pessoa está dormindo.

Conecte o cabo do eletrodo ao SpikerBox e comece a registrar. Observe o seu amigo quando ele adormecer e anote. Você observa algum desvio grande no EEG enquanto ele está se acomodando? Esses desvios provavelmente são artefatos[1] de movimento. Aguarde um tempo e veja os resultados passando em sua tela. Quando o seu amigo estiver deitado imóvel, o sinal do EEG começará a se aplanar.

Enquanto ele tenta dormir, você pode começar a ver algumas ondulações aparecendo na sua tela. Quando vir uma ondulação particularmente interessante passar, pause o monitor para que você possa contar o número de picos que ocorre em um segundo. Isso lhe dará uma noção da frequência que você está vendo.

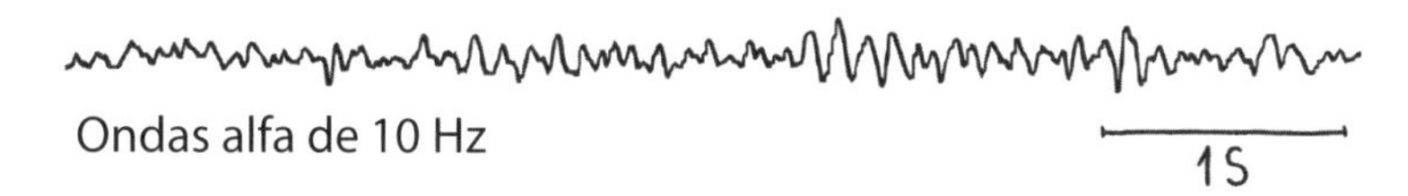

Nesse caso, você está vendo ondas alfa, ou cerca de 10 ciclos por segundo. Quando você vê isso, há uma boa chance de que seu amigo ainda esteja acordado, porém sonolento e quase adormecendo. Continue observando os dados. É algo sutil, mas você poderá notar as ondas aumentando um pouco em amplitude e tornando-se mais esparsas com o tempo.

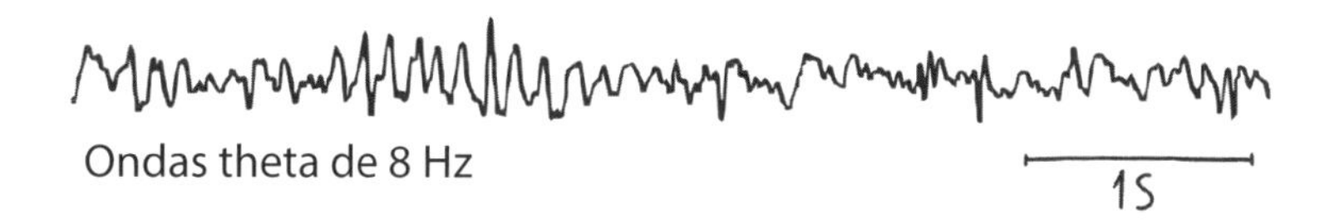

Essas oscilações, de cerca de 8 ciclos por segundo, são conhecidas como "ondas theta". Tais ondas (e mais ondas alfa) irão aparecer e desaparecer por cerca de 5 a 10 minutos. Considera-se essa fase como a primeira do sono e a mais leve (fase N1) e é conhecida também como "iní-

---

1 N.R.C.: Artefatos aqui referem-se a quaisquer interferências de fatores externos no registro do exame.

cio do sono". Essa fase caracteriza-se por esses ritmos theta (4 a 8 Hz) no EEG, bem como por lentos movimentos oculares que duram alguns segundos. As pessoas que acordam nessa fase podem afirmar que não estavam dormindo... apenas descansando os olhos.

À medida que continua observando os dados, você poderá ver alguns pontos em que o sinal oscila um pouco mais rápido.

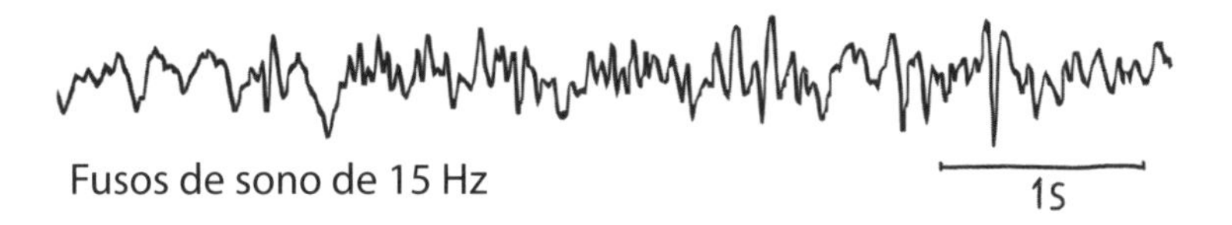

Esses pontos são denominados "fusos de sono" e oscilam cerca de 12 a 15 Hz. Isso é um bom indício de que o seu participante entrou em uma fase ainda mais profunda do sono (fase N2). Essa fase caracteriza-se por pouquíssimos movimentos oculares, ficando o sinal do EEG dominado por esses fusos de sono. Estes retornarão a cada 1 a 2 minutos durante a fase 2, até que, de repente, você comece a notar algo estranho no sinal. As ondas agora estão muito maiores e oscilando de forma muito mais lenta.

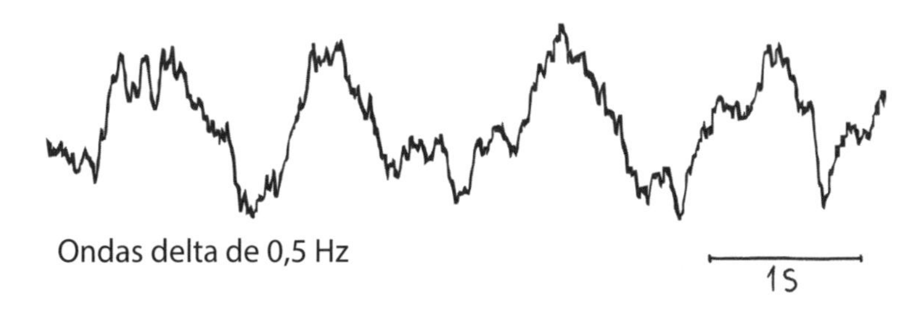

O seu participante agora está começando a entrar no sono de ondas lentas (fase N3). Esse provavelmente é o sinal mais identificável das fases do sono, graças a essas lentas ondas delta. Essas voltagens, em geral muito maiores do que outros ritmos, estão entre 0,5 e 4 Hz e são facilmente detectadas, uma vez que constituem a atividade síncrona mais forte produzida pelo cérebro (exceto os distúrbios neurológicos, como a epilepsia). O sono de ondas lentas (também conhecido como SWS[2]) ocorre quando o seu corpo realmente cai no sono. Trata-se da fase mais profunda do sono, ou seja, aquela que menos responde aos estímulos externos, e a fase na qual é mais difícil a pessoa acordar. À medida que continuar registrando, você notará que essas ondas delta desaparecem e são substituídas por oscilações muito pequenas sem nenhum padrão discernível, parecendo-se com o EEG de quando o seu amigo ainda estava acordado.

Mas você pode ver que o participante ainda está dormindo, com os olhos fechados. É possível que você também consiga ver que os seus olhos estão se movimentando por baixo das pálpebras. Trata-se da fase do sono dos movimentos oculares rápidos (REM[3]). Essa fase é a parte mais intrigante do sono, pois é aqui que se têm sonhos nítidos. Essa é também a fase do sono com a atividade cerebral mais intensa e diversa. Como o cérebro é tão ativo, o EEG do REM geralmente se apresenta como um EEG "acordado" composto por uma mistura de diversos componentes de alta frequência e baixa amplitude.

Você poderá se surpreender ao saber que o REM só foi formalmente descoberto em meados do século XX. E mais curioso ainda é que essa descoberta não aconteceu em um laboratório, mas em um trem! As descobertas científicas podem acontecer em qualquer lugar.

---

2 N.R.C.: Do inglês *Slow-wave sleep.*
3 N.R.C.: Do inglês *Rapid eye movement.*

Em 1950, o físico inglês Robert Lawson notou, durante uma longa viagem de trem, que os olhos fechados das pessoas se mexiam enquanto elas dormiam, e que esses movimentos dos olhos paravam abruptamente e recomeçavam em algum momento mais tarde. Por ser um cientista observador e curioso, ele continuou a anotar a suas observações e, mais tarde, publicou o seu depoimento por meio de uma pequena carta em uma revista científica chamada *Nature*. Veja que viagem de trem produtiva!

Experimento: hipnogramas do sono

Continue registrando o sono do seu amigo pelo maior tempo possível. Veja se consegue reconhecer as diversas fases observadas (N1, N2, N3, REM) à medida que elas começarem a aparecer novamente. Anote o tempo em que as fases mudam. Você deverá rever as fases do EEG a partir dos registros (depois de tirar uma soneca também, é claro).

O processo de identificação da fase do sono fornecida pelo EEG é denominado pontuação do sono. Esse método de pontuação do sono foi descrito detalhadamente pela primeira vez em um trabalho publicado em 1957 por pesquisadores da Universidade de Chicago, o estudante de pós-graduação Bill Dement e o seu orientador Nathaniel Kleitman. Eles propuseram as quatro fases do sono já descritas, e o sistema deles é utilizado até hoje com poucas alterações sofridas ao longo dos anos. Cada fase do sono tende a seguir um ciclo-padrão com duração de aproximadamente 90 minutos.

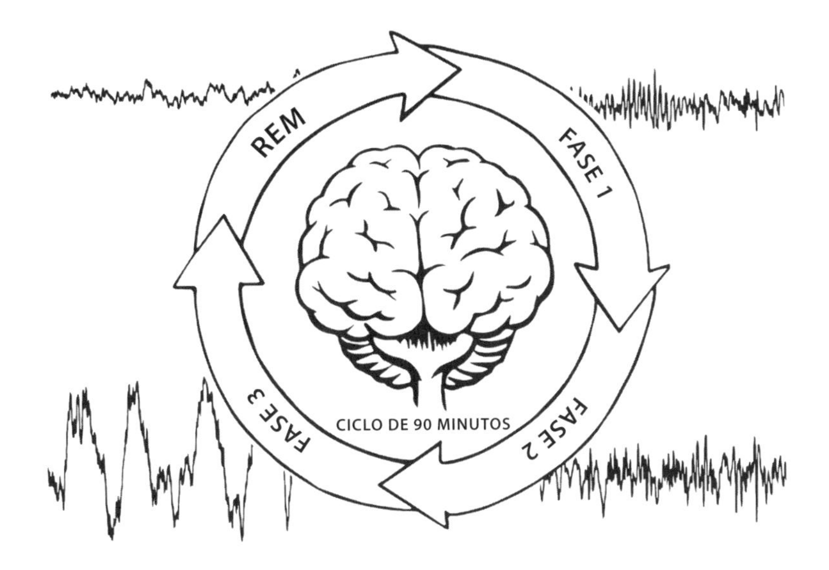

Depois que tiver pontuado o registro do EEG, você pode visualizar as diferentes fases em função do tempo em algo chamado "hipnograma". Trace as linhas horizontais indicando o início e a duração das fases que você anotou na respectiva fase do sono, e trace as linhas verticais para conectar as fases. Em nosso hipnograma idealizado a seguir, você pode ver que a ocorrência de REM é maior no decorrer da noite e que o tempo de sono profundo é menor.

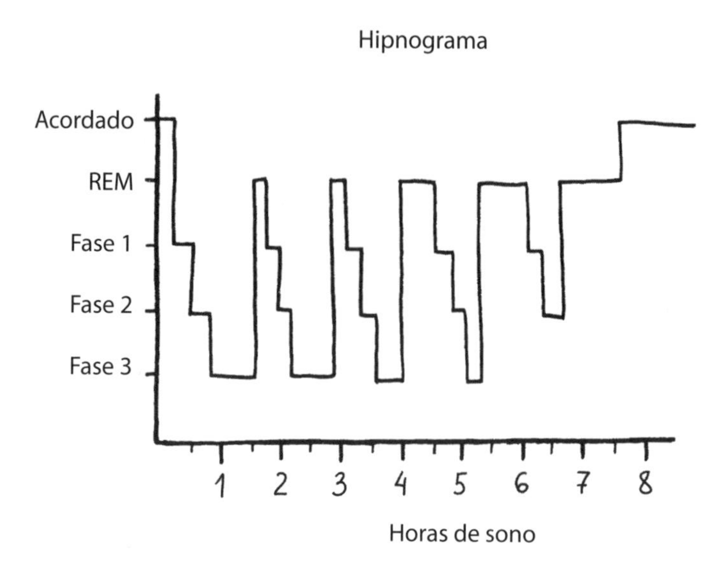

Artistas e cientistas há muito escrevem sobre esse estranho fenômeno que desempenha um papel fundamental em nossas vidas e na nossa saúde. O nosso fascínio pelo sono se faz acompanhar pelo seu mistério: o sono propriamente dito não é muito intuitivo ou facilmente explicado. Pense nas nossas demais funções corporais; todas têm ligação direta com seus efeitos sobre o nosso corpo. Nós comemos para nos alimentarmos e nos fortalecermos e respiramos para oxigenar o nosso sangue. E quando estamos cansados, dormimos, garantindo, desse modo... o quê? Por que precisamos dormir? Bem, existem muitas teorias sobre as razões pelas quais dormimos. Vamos dar uma olhada em quatro teorias-chave.

Teoria da proteção

O sono nos mantém seguros. De acordo com a primeira teoria, nós dormimos para nos proteger de coisas que nos fariam mal. Muitos animais são inativos à noite por questão de sobrevivência, enterrando-se para se salvaguardarem em seu momento de maior vulnerabilidade. A escuridão oferece uma camuflagem natural através da qual seus predadores não conseguem enxergar. As galinhas selvagens voam para as árvores à noite de modo a se empoleirarem quando está escuro. Outros animais cavam buracos ou constroem ninhos longe dos perigos. Um rato-do-mato enterrado possui uma barreira muito real entre ele e a coruja, sua predadora. Mas os predadores não chegariam a ser tão eficientes em sua sangrenta missão se não fossem adaptáveis. Muitos felinos de grande porte diminuem o ritmo durante o dia para que possam estar em plena atividade à noite – precisamente quando o jantar deles está inativo.

Teoria da conservação de energia

O sono conserva energia. Essa teoria postula que o sono tem por função primária conservar nossos recursos energéticos, sobretudo quando não faz sentido utilizá-los – por exemplo, à noite, quando muitos animais não conseguem enxergar para caçar efetivamente ou coletar alimentos. A concorrência por recursos alimentares e energéticos faz parte da seleção natural, e o sono proporciona um período no qual a demanda do corpo por energia é baixa. Durante o sono, o metabolismo energético, a temperatura do corpo e a demanda calórica diminuem, reduzindo a tensão sobre o corpo. Animais como os ursos e os esquilos são os maiores defensores dessa teoria; eles a levam, inclusive, ao extremo, mergulhando em um estado profundo de hibernação que dura todo o inverno.

Teoria da reparação corporal

O sono é um momento de rejuvenescimento e reparação. A terceira teoria é de que o sono permite que o nosso corpo se repare. Na realidade, o sono permite que recarreguemos as baterias para o próximo esforço. Você se lembra das incontáveis vezes que a sua mãe lhe disse algo como "Descanse, amanhã será um dia cheio"? Essa é a teoria que ela tinha me mente. Na verdade, sem o sono, o nosso corpo perde as funções imunes, deixando-nos mais suscetíveis ao estresse. Sem o sono, o nosso metabolismo não funciona bem também, e nós corremos o risco de lesões em razão da extrema falta de foco. Não se sabe ao certo se a privação de sono por si só pode matar, mas é indiscutível que enfraquece o seu corpo, sujeitando-o a um maior risco de doenças e lesões. Dormir regularmente, no entanto, possibilita o crescimento muscular, a reparação tecidual, a síntese proteica, a liberação dos hormônios do crescimento e a facilitação dos processos metabólicos e hormonais.

Teoria do fortalecimento da aprendizagem

O sono promove a aprendizagem. A quarta teoria é de que o sono nos ajuda a nos tornarmos mais inteligentes. Enquanto o seu corpo está descansando, o seu cérebro está ocupado, processando as informações do dia e formando novas memórias. Para que as memórias sejam úteis, três funções devem ocorrer: (1) aquisição – você deve aprender algo novo; (2) consolidação – a memória deve formar o seu próprio receptáculo de armazenamento no cérebro; e (3) resgate da memória – você deve ser capaz de acessar a memória no futuro. Quando dormimos, segundo a teoria, o nosso cérebro realiza o processo de consolidação, fortalecendo as nossas conexões neurais das experiências que tivemos no decorrer do dia e armazenando-as como memórias de longo prazo. Essa teoria parece plausível para qualquer pessoa que tenha passado a noite em claro estudando para uma prova. Sem o sono adequado, o seu cérebro se torna confuso, e, no dia seguinte, você não consegue se recordar daquele cálculo que você sabia tão bem às 2h00.

A quantidade de sono de que necessitamos depende, em grande parte, da nossa idade. Os recém-nascidos normalmente necessitam de 13 a 14 horas de sono, e os efeitos da privação de sono afetam a sua capacidade de aprendizagem à medida que eles crescem e caminham para a idade adulta. Os adultos, por outro lado, necessitam de menos sono, de acordo com os especialistas (com recomendações que variam de 7 a 9 horas de sono por noite), mas o sono ainda pode ajudar a fortalecer as memórias e as habilidades motoras aprendidas.

O sono e as suas finalidades fascinam os seres humanos desde os primórdios da história humana, com fontes documentadas que remontam às culturas mesopotâmicas. Com esse experimento que lhe apresenta às ondas cerebrais durante o sono, você também pode se juntar aos ciclos de investigação.

Perguntas de revisão

1. Que hipótese sobre as razões pelas quais dormimos (proteção, conservação de energia, reparação corporal e fortalecimento da aprendizagem) você considera mais convincente? Por quê? Você conseguiria elaborar um experimento que testasse as suas razões?
2. É possível que você tenha notado que o EEG é muito mais forte e detectável nas ondas delta do sono do que durante o EEG realizado com o participante acordado. Por que você acha que isso ocorre?
3. Você pode observar o sono REM do seu cão. Quando, durante o sono, os olhos e a boca dele estão se mexendo, com um ligeiro movimento ocasional da pata, o seu cachorro está no sono REM. É claro que isso deixa qualquer mente curiosa se perguntando sobre o que os cães sonham? Talvez você possa repetir o famoso experimento da viagem de trem de Lawson e simplesmente observar quando o seu cachorro iniciar o sono e anotar o momento e a duração desses movimentos quando os olhos dele começarem a se mexer e a não se mexer.
4. O sono da fase 2 (N2) geralmente é definido por fusos de sono precedidos por uma única grande deflexão conhecida como "complexo K". Esse complexo K não é muito pronunciado na localização frontal descrita aqui. Você consegue deslocar os eletrodos para outro local a fim de encontrá-lo?

12

Melhore as suas memórias durante o sono

Pode ser tão difícil lembrar das coisas. Nomes, fatos, onde você deixou as suas chaves, se você trancou a porta ou desligou o fogão. Algumas pessoas têm dificuldade em lembrar facilmente das coisas. Mas você sabia que a memória, assim como os músculos de nosso corpo, pode ser fortalecida e melhorada? Aprendemos no capítulo anterior que uma das teorias do sono é que ele ajuda a reforçar as memórias e as habilidades adquiridas. Talvez pudéssemos aproveitar esse conhecimento e deixar de lado os cartões para memória (*flashcards*), experimentando uma maneira interessante de hackear a nossa memória enquanto dormimos. Vamos colocar essa teoria à prova.

Experimento: reativação direcionada da memória

Neste experimento, precisamos de memórias que possam ser cuidadosamente controladas e cujo resgate possa ser mensurado com precisão. Para tal, o participante precisará utilizar o nosso aplicativo denominado TMR Memory Test, da App Store. Esse jogo ocultará a localização dos pares de objetos na tela, e o objetivo consiste em o participante se lembrar de onde viu cada par. Trata-se de algo semelhante ao jogo da memória que você possivelmente jogou quando criança, mas com um detalhe. Cada imagem no jogo da memória terá efeitos sonoros peculiares associados à pista (como a buzina de um carro quando você combina as imagens com a localização de dois carros). A nossa hipótese é que, se tocarmos apenas esses efeitos sonoros para o participante mais tarde, quando ele estiver dormindo, as pistas o ajudarão a fortalecer seletivamente as memórias sugeridas. Repassaremos apenas a metade das sugestões, deixando as memórias não sugeridas como um controle. Esse experimento será dividido em 4 fases.

Fase de aprendizado

A primeira fase é simples: solicite ao participante que jogue o aplicativo do jogo da memória para assimilar as posições das cartas. Primeiro, deve combinar as cartas ilustradas em uma grade, todas abertas, enquanto começa a armazenar as memórias espacial e de conteúdo de curto prazo. Em seguida, ele realizará outras rodadas com as cartas fechadas e deverá combinar os pares, cada uma produzindo um efeito sonoro distinto que soa quando o usuário combina as cartas. Depois de alguns jogos com as mesmas cartas, o participante deverá dominar as posições. Você poderá experimentar quantas vezes deixará o participante jogar a fase de aprendizado do jogo da memória, mas 2 ou 3 vezes são suficientes por enquanto.

Fase pré-sono

Pouco antes de iniciar a fase do sono do experimento, faça com que o seu participante jogue o jogo da memória. O aplicativo pontuará os resultados, coletando esses dados para fins de comparação mais tarde. Faça algumas perguntas qualitativas: algumas das combinações foram mais fáceis de lembrar do que outras? Foi mais fácil conseguir lembrar a posição ou o conteúdo das imagens com essas combinações? Em seguida, prepare o participante para a fase do sono.

Fase do sono

Prepare o participante para o registro do sono com o EEG do córtex frontal, exatamente como fizemos no capítulo anterior. Você pode deixá-lo dormir de um dia para o outro ou, melhor ainda, tirar uma soneca de 90 minutos. Quando o participante inicia a soneca/sono, você precisa monitorar o registro do EEG e detectar quando ele passa do sono profundo para o sono de ondas lentas. Você saberá que está na fase certa quando começar a detectar as ondas delta no sinal do EEG. Como vimos no sono da fase 3 anteriormente, as ondas delta são compostas por oscilações grandes e lentas registradas pelo EEG que duram de 1 a 2 s por ciclo. Continue aguardando até que elas apareçam.

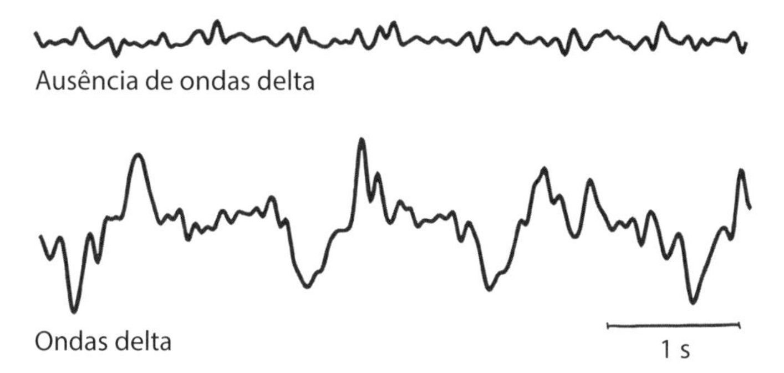

Quando você detecta as ondas delta, o participante está no sono de ondas lentas. Aguarde um pouco para que as ondas delta se estabilizem e depois utilize o aplicativo para começar a sinalizar os sons do jogo. O aplicativo sinalizará apenas a metade das tarefas de memória. Desse modo, depois que o participante acordar, você poderá ver se a recordação das imagens/localizações sinalizadas foi melhor em comparação com as não sinalizadas.

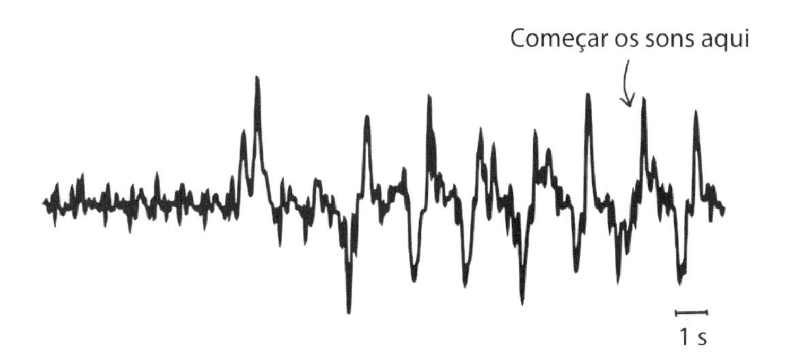

Quando o participante acordar, encerre a gravação e salve a sessão do EEG para referência futura. Pergunte à pessoa se ela ouviu, viu ou sentiu qualquer coisa enquanto dormia. Se a resposta for afirmativa, é porque ela provavelmente não estava em sono profundo. Você ainda pode realizar o restante do experimento, mas anote isso.

Fase pós-sono

Peça ao participante que jogue o jogo da memória novamente e devolva o dispositivo. Todos os dados para as sessões de jogo pré- e pós-sono foram capturados pelo aplicativo, permitindo que você realize uma análise quantitativa. Especificamente, queremos medir a quantos pixels de distância as sessões ficaram a partir da seleção do centro da localização correta almejada. Faça as mesmas perguntas qualitativas. Houve alguma diferença nas suas respostas entre as fases pré- e pós-sono?

Vamos examinar os resultados quantitativos. Queremos comparar a distância média da resposta para a resposta correta. Subtrairemos a fase pós-sono do jogo que o participante jogou pouco antes de ir dormir. Como as memórias sinalizadas se compararam às não sinalizadas?

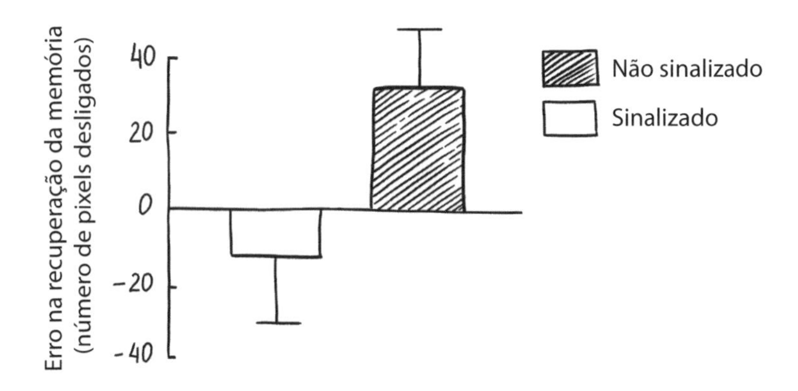

Nesse cálculo, as sinalizações esquecidas durante o sono tornam-se um número positivo (os erros foram maiores após o sono do que antes), enquanto as sinalizações mais bem recordadas serão um número negativo. Em nossos ensaios com cinco pessoas diferentes, constatamos que as memórias sinalizadas foram mais bem recordadas do que as não sinalizadas. Isso parece quase impossível, mas corresponde aos achados de outros cientistas contemporâneos.

O que faz uma memória?

Existem muitas teorias sobre o modo de armazenamento e recuperação das memórias, mas a maioria dos pesquisadores concorda que as memórias episódicas dependem de múltiplas regiões do córtex cerebral. As memórias episódicas são as memórias de tempos, lugares e emoções, incluindo quem, o que, quando, onde e por que. Por exemplo, você pode se lembrar de um casamento ao qual você foi no ano passado. Você pode se recordar da cerimônia, da decoração do salão de recepção, da banda tocando, das características das vozes dos oradores, dos amigos e familiares presentes e das emoções que você sentiu. Esses muitos aspectos do evento estariam representados em múltiplas regiões do córtex especializadas no processamento de diferentes tipos de informação. As memórias declarativas se formam com base nas representações que se conectam entre esses diversos elementos.

O armazenamento dessas memórias ricas em características depende do hipocampo, uma estrutura do cérebro em forma de cavalo-marinho localizada logo abaixo do córtex. O hipocampo, cujo nome deriva da palavra grega *hippokampus* (*hippos* significa "cavalo" e *kampos* significa "monstro marinho"), desempenha um papel importante na consolidação de informações das frágeis memórias de curto prazo em estáveis memórias de longo prazo. O hipocampo faz isso por meio de suas conexões entre muitas áreas corticais diferentes, de maneira muito semelhante ao funcionário de um hotel que encaminha os hóspedes a seus quartos.

Esse armazenamento intracortical exige as conexões do hipocampo após o aprendizado inicial. Depois que as memórias sofrem um grau suficiente de consolidação intracortical, as memórias se estabilizam. Isso significa que os neurônios do hipocampo não são mais necessários para invocar o conjunto de redes corticais distintas ligadas à memória. Essas memórias podem ser recuperadas novamente se um número suficiente de sinalizações correlatas for ativado para essa recuperação.

Portanto, por que a sinalização durante o sono de ondas lentas ativa as memórias? Isso pode ter relação com algo chamado "reativação". As memórias não são estáticas, tampouco perfeitas. Em vez disso, elas mudam e se modificam com o tempo à medida que são recuperadas. A reativação é quando algo (por exemplo, um lugar, uma voz ou um odor) desencadeia a recuperação de uma memória. Às vezes, essa recuperação pode reforçar a "verdade" da memória, enquanto, outras vezes, pode fazer o contrário. Por essa razão, existe um crescente conjunto de evidências contra o uso das memórias como prova em questões judiciais. Sabemos também que as nossas memórias episódicas são acessadas durante o sono. Os sonhos geralmente contêm fragmentos de eventos recentes "costurados" com outras coisas que sabemos, permitindo que essas memórias sejam armazenadas no longo prazo. Como os estudos com ratos mostram, os neurônios que representam memórias recentes estão literalmente "repassando" essas memórias no hipocampo durante o sono de ondas lentas. E se pudéssemos ativar uma parte de uma memória durante o sono de ondas lentas? Como a sugestão sonora é associada à localização da imagem do jogo de memória, poderíamos reativar toda a memória e reforçá-la. Além de reativar associações específicas utilizando sons, alguns estudos demonstraram que as sessões de aprendizado poderiam ser aprimoradas com o uso de odores durante o sono de ondas lentas.

Agora que já observamos uma das maneiras de "hackear" o nosso sono para melhorar as memórias, abrimos a porta para outros estudos. A parte complicada parece ser uma questão de criatividade. Como podemos sinalizar diferentes tipos de memórias durante o sono? Estamos animados para ver o que você encontrará!

Perguntas de revisão

1. Sinalizamos as memórias no sono da fase 3 (sono de ondas lentas), mas e se acionássemos as sinalizações durante outras fases do sono? Tente o experimento com o ciclo REM ou outro ciclo do sono.
2. Imagine e descreva um produto de consumo criado para ajudá-lo a aprender mais rápido enquanto dorme. Quais os desafios em tornar essa hipótese uma realidade?
3. O que aconteceria se alterássemos o percentual de sinalização para 0%, 25%, 75% ou 100%?
4. A realização do experimento durante a noite produz melhores resultados? O fato de fazer com que os participantes realizem esse estudo antes de dormir, normalmente à noite, produz resultados diferentes daqueles obtidos se eles tirassem uma soneca no meio do dia?
5. De que maneira os fatores relacionados ao ambiente (luz, temperatura, espaço, ruídos externos etc.) afetam o desempenho do participante?

13
Como lidar com o inesperado

O nosso cérebro está constantemente absorvendo e processando informações do mundo à nossa volta. Muitas das visões e sons que percorrem o nosso cérebro são familiares e não muito úteis, de modo que podem ser ignoradas. Essa adaptação neural é muito útil na medida em que nos libera para que nos concentremos nas informações que são importantes ou novas.

Muitas das decisões que tomamos exigem que filtremos um mar de opções alternativas a fim de chegarmos a uma determinada escolha. Pense nas compras pela internet: você pode rolar irrefletidamente as páginas com dezenas de imagens até encontrar o produto que procura. Ou imagine-se sentado em uma concessionária enquanto aguarda a sua senha ser chamada. Você não sabe exatamente quando o seu número aparecerá no letreiro luminoso (ou quando o seu produto aparecerá na tela), mas quando isso acontecer, o seu cérebro estará pronto. Quando finalmente ouvir a sua senha ser chamada, você poderá ser tomado por um leve sentimento do tipo "Agora sim" ("Sou eu!"), e você então pegará rapidamente as suas coisas e se aproximará do balcão.

É interessante que o seu cérebro tenha produzido esse sentimento em relação a essa senha específica e não o tenha feito em relação às demais senhas. Ele só fez isso em relação ao número que tinha um significado ou algum tipo de importância para você. O que está acontecendo então? Vamos desenvolver um experimento para descobrir!

Experimento: a resposta P300

Os exemplos anteriores representam uma forma de processo decisório. Você está (talvez subconscientemente) avaliando todos os produtos enquanto rola as páginas, ou avaliando todas as senhas chamadas e determinando se elas correspondem àquela que lhe interessa. A partir do momento que o seu cérebro decide haver essa correspondência, você pode entrar em ação. O bom dessas situações específicas é que você sabe exatamente quando o seu cérebro decidiu haver uma correspondência – o que ocorreu logo depois que a informação lhe foi apresentada. Em geral, é difícil realizar experimentos sobre os aspectos cognitivos envolvidos no processo decisório, dada a possível dificuldade em mensurar precisamente quando as decisões são tomadas. Por exemplo, quando você decidiu sentar e ler este capítulo? É possível que uma série de fatores tenha entrado nessa decisão. Mas no caso em que você está esperando encontrar um determinado produto, o momento exato em que o seu cérebro decide pode ser mensurado.

Portanto, vamos criar um paradigma decisório que nos permita mensurar a atividade cerebral e saber precisamente quando as decisões são tomadas. Para tal, podemos executar uma tarefa muito simples: conte quantas vezes você ouve um determinado som, o qual chamaremos de som-alvo, ou seja, aquele que você deve contar, como "Bup!", por exemplo. Para provocar uma decisão no cérebro, precisamos acrescentar um segundo som, o qual você deverá simplesmente ignorar. Esse som tem uma frequência um pouco mais alta e será chamado de "Bip!". Esse som é conhecido também como "distrator", já que o "Bip!" está desviando a sua atenção dos sons "Bup!" que você deve contar. Desse modo, agora estamos prontos. Se pudermos emitir um som a cada segundo, a sua tarefa consistirá em contar cada "Bup!". Você poderá interromper o experimento ao chegar a 50. Criaremos as probabilidades de modo que aquelas que você estiver contando ocorram muito raramente, por exemplo: Bip!, Bip!, Bip!, Bip!, Bip! Bup!, Bip!, Bip!, Bip!, Bip!, Bip!. Em psicologia, esse tipo de experimento é denominado paradigma *"oddball"*[1]. Apresenta-se

---

1 N.R.C.: O nome do paradigma, comumente mantido em português na psicologia, significa "estranho" ou "excêntrico" para designar o estímulo diferente ou desviante projetado para aparecer com baixa frequência no experimento.

aos participantes uma sequência de estímulos repetitivos ocasionalmente interrompidos por um estímulo diferente (o estranho).

Queremos ver o que acontece quando o cérebro reconhece os sons-alvo "Bup!" (aqueles em que você decide agir e anotar como +1 computado), em comparação com os sons distratores. Para tal, registraremos o EEG do lobo parietal, a porção do cérebro próxima à parte superior da cabeça, a qual é responsável por interpretar as informações sensoriais. Para a realização do EEG, coloque uma faixa em volta do queixo, passando pela parte posterior da cabeça, como mostrado na figura a seguir. Os eletrodos de metal devem ser colocados aproximadamente nas localizações P4 e Pz, como definido no sistema-padrão 10-20 de EEG que estamos utilizando.

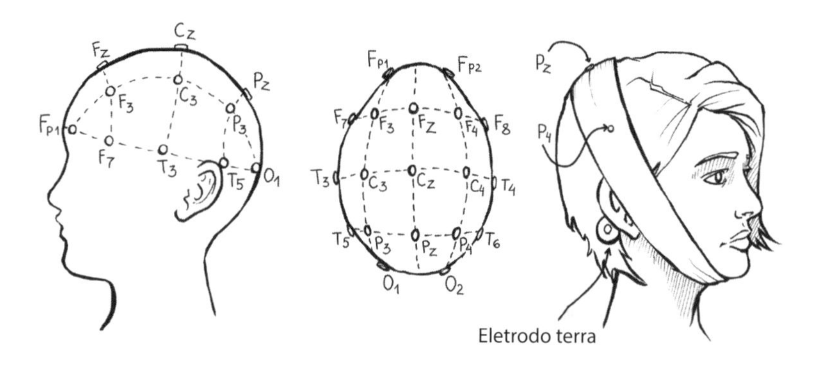

Aplique algumas gotas de gel para eletrodo por baixo dos pinos de metal, na face inferior dos eletrodos, e retire, na medida do possível, o cabelo da área entre o metal e a pele do participante. Em seguida, coloque um eletrodo autoadesivo sobre o processo mastoide, atrás da orelha, para agir como o seu eletrodo terra, e conecte os 3 eletrodos ao SpikerBox. Abra o *software* do SpikeRecorder e comece a registrar. Assim como em todos os experimentos com EEG, procure posicionar o seu dispositivo e o SpikerBox longe de quaisquer tomadas elétricas e luzes fluorescentes. Se estiver usando um *laptop* com tomada, utilize somente a energia da bateria. Se o sinal lhe parecer excessivamente ruidoso e instável, experimente acrescentar mais gel condutor entre os eletrodos da faixa e o couro cabeludo. Se necessário, você pode sempre ligar os filtros *notch*[2] de

2 N.R.C.: Filtros de rejeição de faixa ou banda utilizados para remover até seis faixas de frequência conforme definição do usuário. O objetivo é minimizar interferências.

50 Hz (Europa, África, Ásia, América do Sul, Austrália) ou 60 Hz (América do Norte) para reduzir o ruído elétrico no *software*.

Com o participante sentado confortavelmente, dê-lhe um pedaço de papel e um lápis ou uma caneta. Durante o experimento, ele deve permanecer o mais imóvel possível, mas ainda se sentindo relaxado. Os movimentos dos músculos da mandíbula e da testa podem ser capturados com muita facilidade, causando interferência na leitura do EEG. Convém testar a legitimidade do sinal antes de começar a gravar. Peça ao participante que abra e feche os olhos, alternando a cada 10 segundos. Se você conseguir ver as ondas alfa aparecerem quando ele estiver com os olhos fechados e desparecerem quando ele estiver com os olhos abertos, é porque você provavelmente está registrando um sinal real de EEG.

Depois que encontrar um bom sinal, você pode iniciar o experimento *oddball*. Inicie uma nova gravação no SpikeRecorder e pressione o botão do SpikerBox para iniciar os estímulos. Iniciada a tarefa, você começará a ouvir os sons normais (Bip) e estranhos (Bup) a cada 0,5 s. Os sons serão randomizados, com apenas 10% de "Bups" e 90% de "Bips".

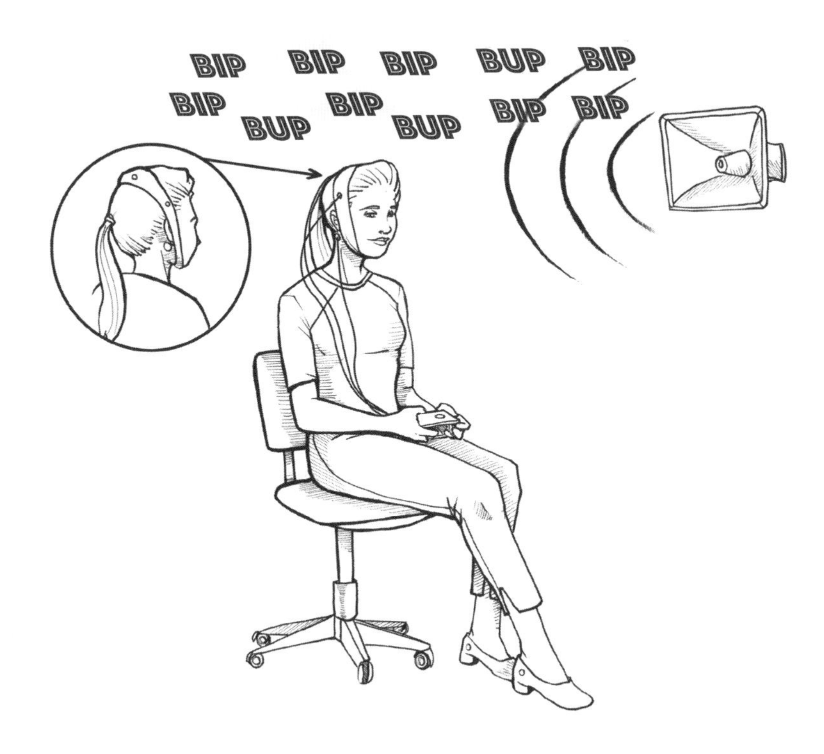

Com uma caneta e um papel, o participante deverá anotar cada som estranho que ouvir, controlando o número total até alcançar 50 sons *oddballs*. Incentive-o a manter-se concentrado na tarefa em questão, uma vez que o reconhecimento dos diferentes sons faz parte do que estamos estudando. Depois de aproximadamente 50 sons *oddballs* (< 10 minutos), já possuiremos dados suficientes e poderemos encerrar a gravação.

Toda vez que um som foi produzido, o *software* do SpikeRecorder controlou o tempo em relação à resposta do cérebro. Vamos ver o efeito quando observamos o "Bip" padrão. Isso nos dará uma base da resposta de EEG a um tom sonoro. Podemos iniciar essa análise alinhando os traços dos dados de EEG de modo que os diversos eventos com "Bips" estejam todos alinhados com o som a partir do momento = 0. Nesse caso, estamos examinando os traços brutos de EEG a partir de 6 eventos com o som-padrão. Ao examinar cada um dos eventos, você observará alguma atividade no EEG, mas não há uma diferença clara antes ou depois do som.

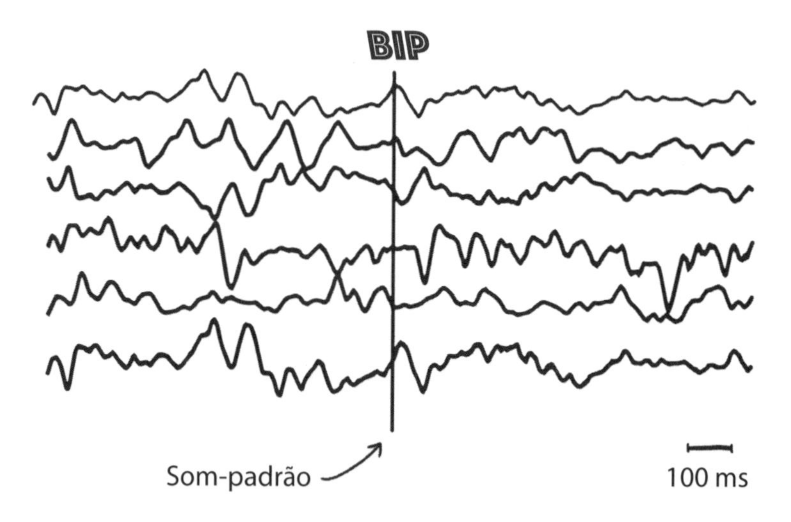

Em geral, pode ser difícil detectar padrões nos EEGs de eventos isolados, mas um artifício que podemos utilizar consiste na obtenção da média de todos os sinais sonoros alinhados para ver se há algo de interessante. A teoria é de que, mesmo as pequenas oscilações regulares de voltagem entre os eventos (o que subentende uma tendência de movimento na mesma direção positiva ou negativa no momento dos eventos) serão vistas como um *bump* positivo ou negativo na média, enquanto as oscilações aleatórias (voltagens ora positivas, ora negativas aleatoriamente) produzirão em uma média equivalente a uma linha plana.

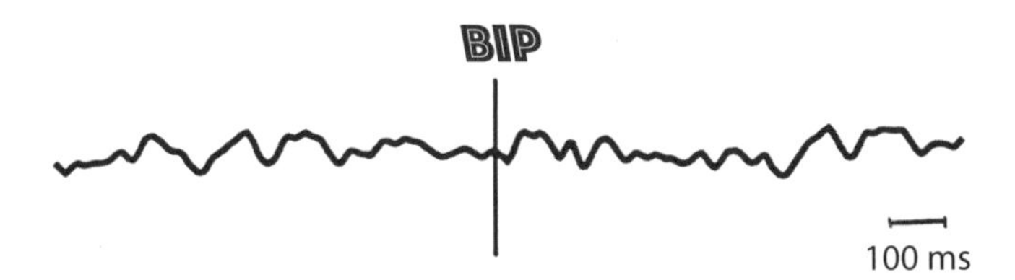

Em nosso som-padrão, há algumas pequenas oscilações na média dos cerca de 450 eventos, mas nada que mereça destaque. Portanto, vamos nos concentrar no sinal *oddball*. Repetindo a mesma análise, selecionaremos alguns eventos e examinaremos os traços brutos do EEG. Veja a seguir seis eventos aleatórios com o sinal "Bup".

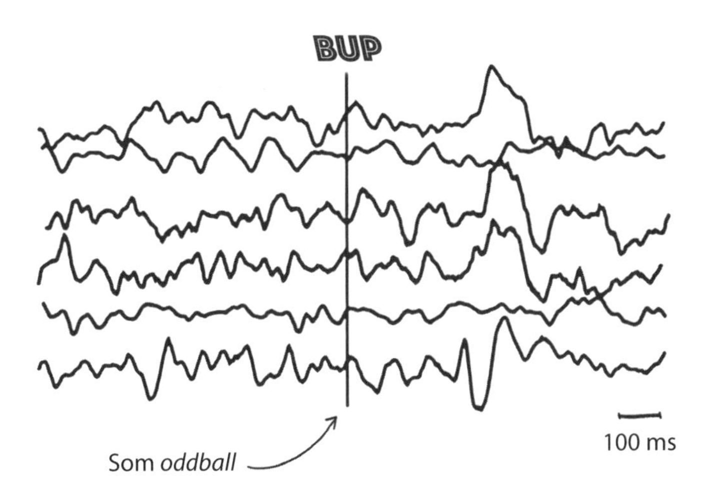

Possivelmente, está ocorrendo algo consistente aqui, mas de difícil visualização. Observe que, em quatro dos seis eventos, podemos notar uma deflexão positiva após o som *oddball* mais ou menos ao mesmo tempo.

Mas novamente, para nos ajudar, tiraremos a média dos 50 eventos com o sinal *oddball*.

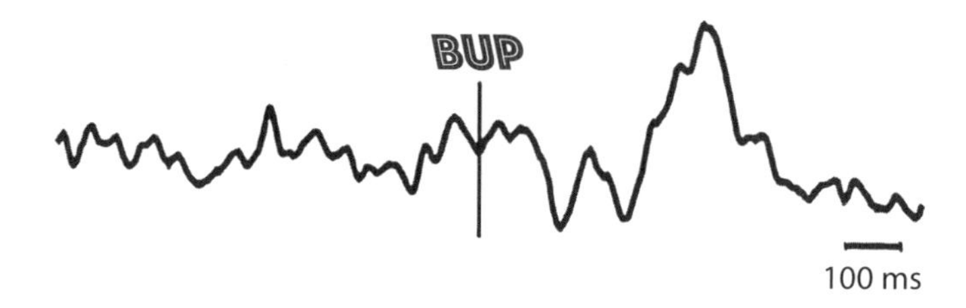

Aqui, podemos ver claramente que essas pequenas saliências visíveis nos traços brutos estavam ocorrendo simultaneamente com frequência suficiente após o som *oddball*, de modo a se destacarem como um aumento positivo na média.

É sempre bom comparar esses dois estímulos diferentes na mesma escala. Aqui, estamos mostrando os traços médios do EEG, tanto dos sons-padrão quanto dos sons *oddballs*. A área cinza é o que chamamos de "intervalo de confiança", o que significa que 95% dos traços do EEG se enquadram na faixa cinza.

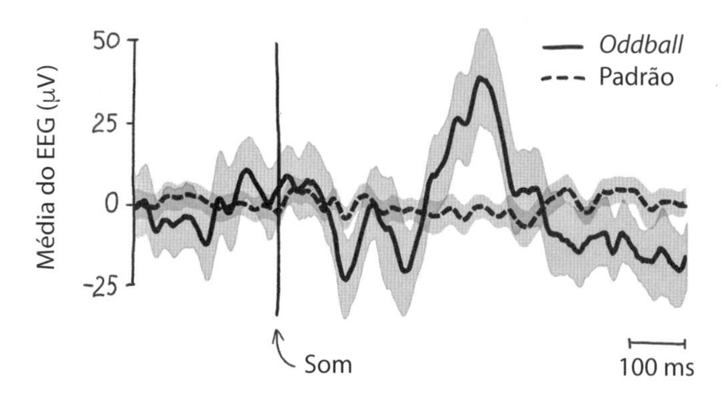

O que há de super fascinante em relação a essa diferença é que o estímulo é relativamente o mesmo para ambos os casos. Ambos os sons foram gerados por computador. A diferença estava na mente do participante. O participante estava aguardando a emissão de um dos sons, e ignorando o outro. Isso é considerado um potencial "endógeno", o que significa que a resposta está relacionada não aos atributos físicos de um estímulo, mas à reação da pessoa a esse estímulo.

Chamamos esse tipo de gráfico de sinal de "potencial relacionado a eventos" (ERP[3]). Trata-se de uma análise diferente da que fizemos quando detectamos as ondas alfa. Nos ERP, tiramos a média de todos os EEG em função de um determinado evento, procurando aumentos de voltagem que "sigam" um evento. O método da obtenção da média faz com que as voltagens pequenas, porém atreladas a um determinado período de tempo, se sobressaiam. Com as ondas, estamos procurando os ritmos nos traços brutos do EEG após um evento (por exemplo, olhos se fecham). Ambas as análises são úteis, e seria recomendável você mantê-las em sua "caixa de ferramentas" para experimentos futuros.

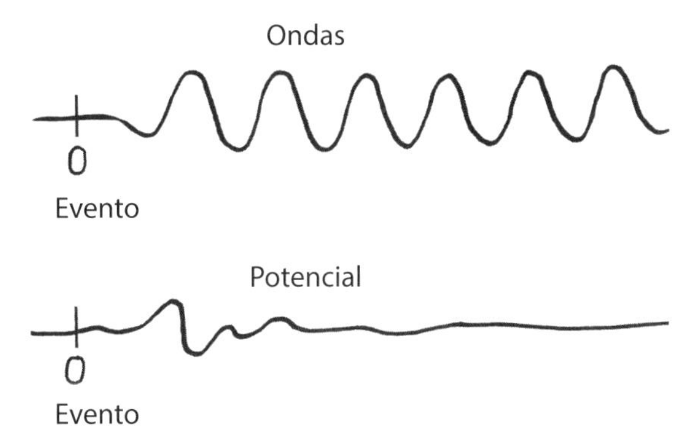

O ERP que vemos no estímulo *oddball* é conhecido como sinal "P300". O P300 é a sigla de um aumento positivo 300 ms após o evento. Outros sinais possuem denominações que seguem esse mesmo formato, como o "N170": uma oscilação negativa no ERP que ocorre 170 ms depois que o participante vê um rosto.

Mas por que isso acontece? Acredita-se que grande parte do sinal P300 seja proveniente do lobo parietal (onde o sinal pode ser registrado com mais intensidade), que é onde você posicionou a faixa com eletrodos no seu participante. Muitos estudos de EEG e imagem postulam que o P300 é oriundo da "rede de atenção" do cérebro, que envolve componen-

---

3 N.R.C.: Do inglês *Event Related Potencial*, ou ERP, cuja sigla é comumente mantida em inglês para experimentos descritos em português.

tes dos lobos frontal, temporal e parietal. O lobo parietal é a área de mapeamento no nosso córtex cerebral, na qual estão unificados os sentidos do tato, audição e visão para nos ajudar a construir um modelo do nosso corpo no mundo. A rede de atenção do cérebro é sensível a novos estímulos e onde eles ocorrem no espaço à nossa volta, razão pela qual, talvez, o P300 seja mais forte no lobo parietal. Os cientistas continuam a investigar a causa desse fenômeno.

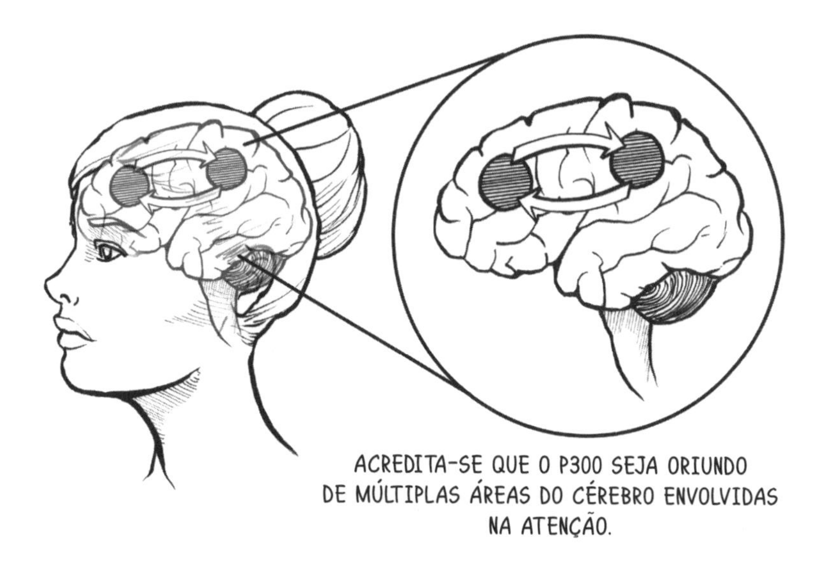

ACREDITA-SE QUE O P300 SEJA ORIUNDO DE MÚLTIPLAS ÁREAS DO CÉREBRO ENVOLVIDAS NA ATENÇÃO.

Quando você vê ou ouve algo estranho, ou algo que lhe chama a atenção, a ativação dos neurônios do lobo parietal dispara, uma vez que os seus neurônios começam rapidamente a produzir picos nessa área; o seu cérebro funciona no sentido de reagir e compreender esse novo estímulo. Novamente, o sinal P300 não provém diretamente dos estímulos propriamente ditos, mas da avaliação que o seu cérebro faz dos estímulos. Nem todos os sons ativam esse sinal, mas apenas a distinção consciente de um novo som entre os demais.

Uma das aplicações mais fascinantes do P300 é o exame da atividade cerebral de pacientes em coma. Algumas evidências indicam que, se você realizar esse experimento com um indivíduo em estado de coma e observar uma variante do sinal P300 no EEG do paciente, trata-se de um forte indício de que o paciente pode ser tirado do coma. O P300 poderia ser um detector do estado de consciência?

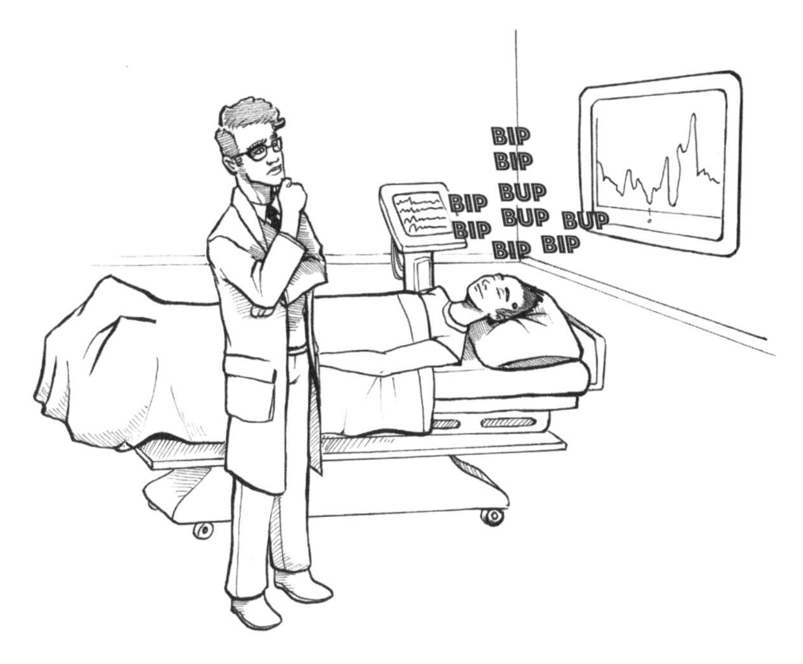

Perguntas de revisão

1. Repita o experimento onde o som "Bip" está sendo contado e só aparece em 10% das vezes (contra 90% do "Bup"). Os resultados correspondem à sua hipótese?
2. Que outros estímulos poderiam funcionar dessa maneira? Que outras ideias poderiam invocar esse sinal endógeno?
3. Pense em outras maneiras pelas quais você possa pesquisar o P300. Por exemplo, os cientistas já demonstraram que a onda cerebral do P300 tende a ser grande quando a pessoa reconhece um item significativo em uma lista de itens sem importância. Você poderia elaborar um experimento para testar essa hipótese?
4. Como o P300 demonstrou ser um componente cognitivo dependente da atenção com a pessoa em estado de vigília, você acha que esse sinal estaria presente também durante o sono? E durante a fase REM do sono?

14

A leitura da mente pelo movimento mu

Seus músculos impulsionam a máquina que é o seu corpo. Aplicando com cuidado a força adequada, eles se contraem exatamente na direção certa com incrível sincronização e coordenação com outros músculos. O seu cérebro pode, sem esforço, controlar os músculos específicos necessários para a execução de uma tarefa (como carregar uma pesada bola de boliche), enquanto controla subconscientemente outros músculos posturais para manter o seu equilíbrio. A responsabilidade por todo esse controle muscular é relegada ao seu córtex motor, que, na verdade, é a sua interface cérebro-máquina. Aliás, a única maneira de o cérebro interagir com o mundo físico é por meio do córtex motor. O cérebro comanda e o córtex motor faz o que lhe é solicitado, permitindo que você converse, troque apertos de mãos, abrace e brigue com os outros. O nosso córtex motor é de extrema importância na experiência humana.

Mesmo o termo "emoção" deriva da palavra latina *emovere*, que significa, mover, agitar ou incitar. Dizemos "sentir-se emocionado" diante de uma bela obra de arte. As emoções não são apenas um sentimento existente na sua cabeça; elas também manipulam (por meio do córtex motor) as formas físicas pelas quais expressamos essas emoções por meio de expressões faciais, das mudanças de tom e volume da voz e da nossa postura corporal. Como esses circuitos emocionais acessam o mesmo córtex motor que utilizamos para os nossos movimentos, pode ser quase impossível esconder a maneira como você se sente. Ao longo de milhões de anos de evolução, o cérebro aprendeu quais são os padrões motores mais adequados para determinadas situações emocionais. Padrões considerados úteis para o estado emocional foram aos poucos se transformando em reflexos e, depois, em instintos, os quais dificilmente podem ser ignorados. Nós franzimos a testa quando estamos preocupados, sorrimos quando estamos felizes, fechamos os olhos enquanto lutamos para abrir uma lata de conserva. Podemos conscientemente ignorar essas expressões por meio de nosso córtex motor, mas assim que nos distraímos, as verdadeiras expressões subconscientes retomam as rédeas de nosso córtex motor.

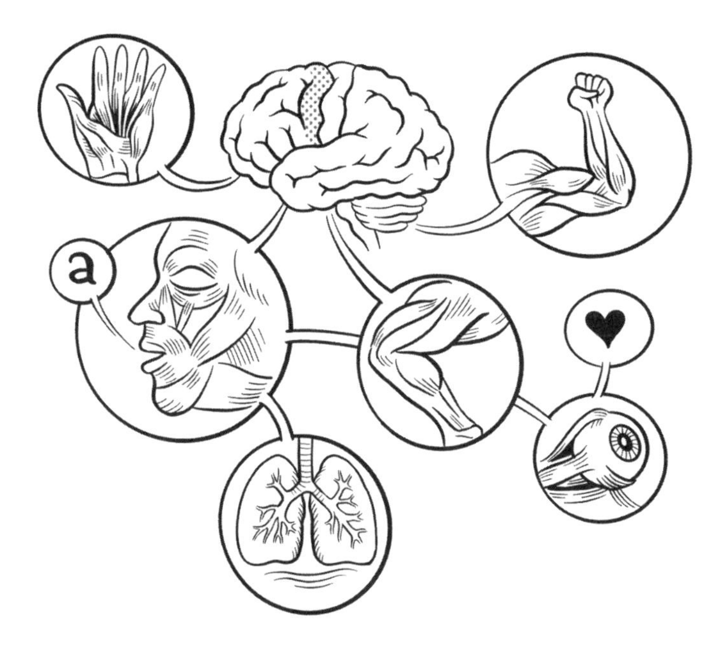

O córtex motor é também a sua última "barreira" para a tomada de decisão. Uma vez que um comando de pico deixa o córtex motor primário, ele produz uma reação em cadeia dos neurônios que terminará com um movimento. Não há volta. Portanto, ao decidir deslizar para a esquerda ou para a direita, é o seu córtex motor que sinaliza a sua decisão final. Isso torna o seu córtex motor um local ideal para a colocação dos eletrodos, a fim de que o cérebro controle as máquinas externas no mundo real (por exemplo, próteses de membros ou cursores nas telas de computador), podendo não apenas codificar sequências motoras, mas também disparando a partir do momento em que você toma a decisão de se movimentar, evitando movimentos involuntários ou não planejados.

Neste capítulo, examinaremos os registros do córtex motor. Faremos isso sem implantar eletrodos na sua cabeça para registrar as belas sequências de picos que dão origem aos movimentos, mas ao registrar com segurança a parte externa da sua cabeça com o uso de eletroencefalogramas.

Experimento: os ritmos mu do córtex motor

Vamos começar a explorar o córtex motor utilizando a nossa bandana de EEG com rebites. Coloque a faixa com os eletrodos em torno da sua cabeça como se fosse jogar tênis e, em seguida, posicione os eletrodos de metal na lateral, de modo que eles se cruzem acima da sua orelha direita. Esse local é ideal, pois o córtex motor é uma tira vertical que se estende da parte superior da cabeça até a lateral anterior das orelhas. Essas posições são chamadas de C4 e F4 no sistema 10-20 de EEG. Talvez você queira se familiarizar com o uso dessas denominações de localização, as quais lhe permitirão comparar os seus resultados com os de outros cientistas.

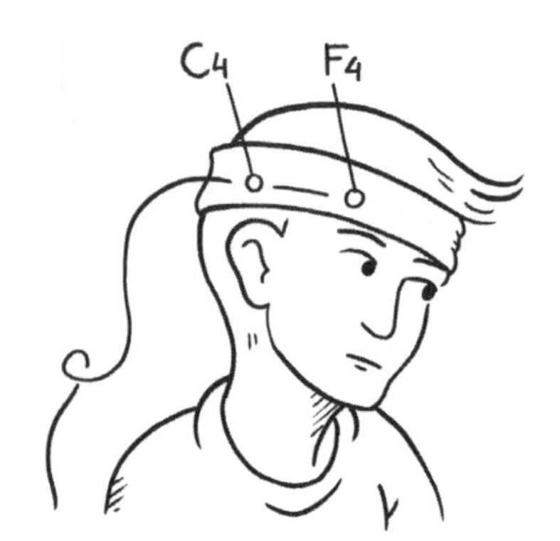

Depois que os eletrodos estiverem colocados e você tiver aplicado gel suficiente por baixo dos botões de metal, conecte o eletrodo terra atrás de sua orelha e ligue o fio do eletrodo ao seu SpikerBox. Procure um lugar para se sentar e descansar, depois ligue o dispositivo e observe os registros. Mantenha-se imóvel e observe os tipos de sinais que você vê.

Caso esteja acima do córtex motor, você poderá ver alguns padrões diferentes. Mas a ondulação para cima e para baixo do EEG é geralmente bastante dominante nessa área motora. Essas ondulações, ou oscilações, podem ser sinalizadas no EEG com um ligeiro padrão rítmico de aumento e diminuição de seu tamanho, como mostrado anteriormente. Podemos descrever esse sinal utilizando a frequência das oscilações dominantes. Utilizando o nosso cálculo aproximado, podemos contar o número de picos ou o número de depressões no intervalo de 1 s. No traço mostrado anteriormente, é possível contar o número de depressões acima da barra de tempo de 1 s como em torno de 12. Parabéns – você acabou de capturar as ondas mu! Observa-se esse sinal (também denominado "ritmo mu") na faixa de 7,5 a 12,5 Hz acima do córtex motor. Caso você não veja essas ondas síncronas acima do córtex motor, é normal. Ritmos mu fortes não são visualizados em todas as pessoas. Se não der certo, tente o experimento com participante. Não deixe de aplicar muito gel para eletrodo.

Experimento: dessincronização dos ritmos mu durante os movimentos

Agora que encontramos o ritmo mu, vamos ver o que ele faz quando o nosso córtex motor provoca movimentos. Relaxe a sua mão direita por 10 segundos e depois aperte a sua mão por outros 10 segundos. Você (ou o seu assistente) deve anotar o início e o fim dos movimentos nos seus registros. Agora volte e veja os registros. O que você notou quando a sua mão direita se fechou e se abriu? Nada de mais?

Agora faça o mesmo com a outra mão. Enquanto você ainda estiver efetuado os registros a partir do hemisfério direito do cérebro, abra e feche a sua mão esquerda. O que você nota agora?

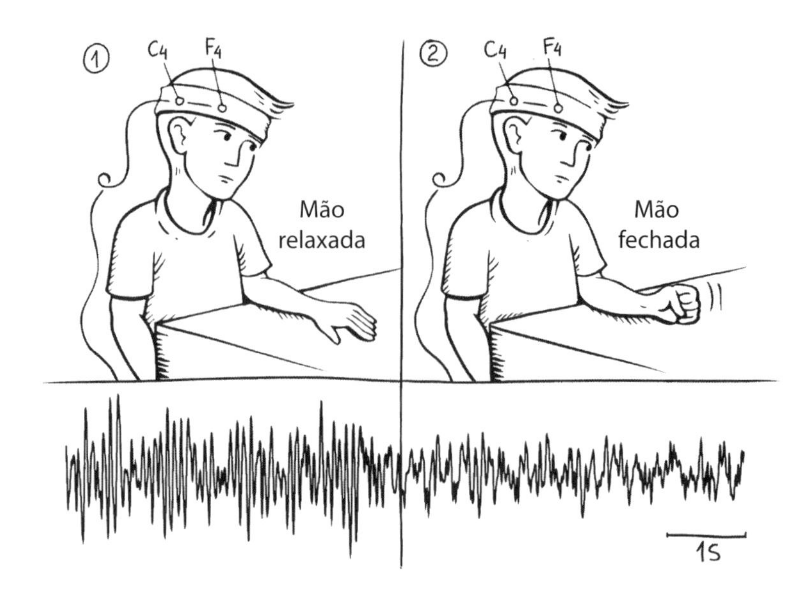

Os ritmos mu tendem a desaparecer ou diminuir quando você controla a mão do lado oposto ao que você está registrando no cérebro. Chamamos um ritmo que desaparece do EEG de "dessincronizado". Para compreender por que, lembre-se de como os ritmos do EEG se apresentam inicialmente. Muitos neurônios precisam estar disparando uma pequena voltagem no mesmo lugar ao mesmo tempo – em outras palavras, eles precisam estar sincronizados. Caso contrário, esses neurônios se tornam dessincronizados, e as pequenas voltagens se cancelarão mutuamente, deixando um sinal enfraquecido ou inexistente no EEG. Certo... mas por que isso acontece no lado oposto do cérebro? Isso se deve a uma estranha peculiaridade das conexões de nosso corpo. Os axônios que saem do córtex motor não descem diretamente para a medula espinal conforme você poderia esperar; em vez disso, eles cruzam sobre o lado oposto da medula espinal através do trato piramidal. Por que os sinais motores se cruzam? Ninguém sabe ao certo.

Experimento: detecção da dessincronização dos ritmos mu a partir de diferentes partes do corpo

Os ritmos mu sincronizados podem estar em toda a faixa do córtex motor, de orelha a orelha. Deslocando a bandana para diferentes posições do seu couro cabeludo (mantendo-a centrada no córtex motor), veja se você consegue mapear o seu homúnculo movimentando voluntariamente diferentes partes do seu corpo e observando a dessincronização dos ritmos mu. Tente efetuar os registros nas regiões superior e inferior do córtex motor. Você consegue ver uma diferença quando movimenta a sua língua? E a sua perna?

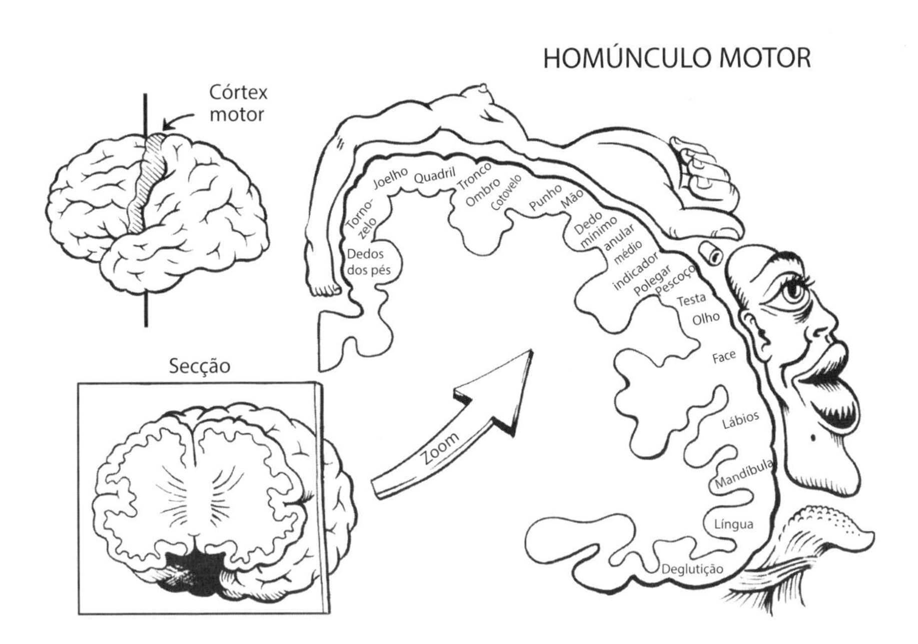

Experimento: diferenciação entre ondas alfa e ritmos mu

Já vimos ondas muito semelhantes a esses ritmos mu anteriormente. Em nosso capítulo inicial do EEG, vimos uma frequência de aproximadamente 10 Hz denominada "onda alfa". Podemos ter certeza de que esses dois ritmos não são o mesmo fenômeno? Vamos recordar que as ondas alfa são mais proeminentes no córtex visual do cérebro e têm uma potência maior quando a pessoa está de olhos fechados, bloqueando as informações visuais recebidas. Os ritmos mu, por outro lado, foram observados acima do córtex sensório-motor quando a pessoa está em estado de repouso. Vamos confirmar se esses dois sinais são, de fato, separáveis.

Conecte o seu SpikerBox no computador e abra o *software* de gravação. Desta vez, você utilizará dois sinais diferentes: um que atravessa o córtex motor, como antes, e outro atrás, sobre o seu córtex visual. Novamente, coloque um eletrodo adesivo atrás da sua orelha (osso mastoide) para agir como o seu eletrodo terra comum para o seu registro. Aplique bastante gel sob os eletrodos da bandana a fim de garantir a obtenção de um contato forte e condutivo para o couro cabeludo.

Neste experimento, comece fechando os olhos. Aguarde alguns segundos e depois abra os olhos. Aguarde mais alguns segundos e feche o punho. Com os olhos ainda abertos, relaxe a mão. Feche os olhos e repita esse processo. Faça isso por alguns minutos, enquanto o seu parceiro anota os seus olhos abertos/fechados e a sua mão aberta/fechada durante a sessão de registros.

Quando terminar, abra o arquivo de registro e observe a reprodução. Cada seção em que você estava de olhos fechados deve mostrar ondas ou oscilações distintas na área visual. Essas são as nossas velhas amigas, as ondas alfa do Capítulo 10, originárias do córtex visual. Você poderá até ver esse ritmo "transbordar" para o córtex sensório-motor.

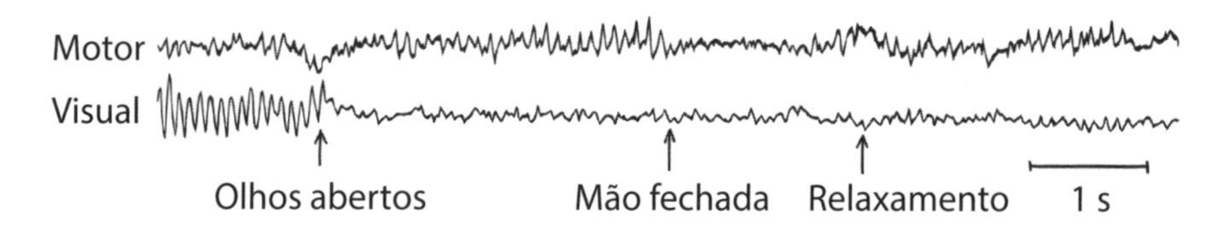

Entretanto, os segmentos em que você estava descansando com os olhos abertos podem mostrar ondas que lembram as ondas alfa no córtex motor. Essas ondas ainda são visivelmente rítmicas, apenas menores e um pouco transitórias – o que significa que elas aparecem e desaparecem com mais rapidez. Essas poderiam ser as ondas mu. Para confirmar, veja o que acontece quando a mão se fecha. Observe neste experimento que as duas ondas têm aproximadamente a mesma frequência, mas é a localização no cérebro que diferencia as duas. Ao procurar os ritmos mu, geralmente convém observar ambas as áreas, visual e motora, para ser capaz de separar os dois sinais.

Essa dessincronização das ondas mu pode ser resultante da saída do seu córtex sensório-motor do modo "inativo", preparando-se e iniciando o movimento. Trata-se de uma teoria semelhante aos ritmos alfa inativos quando não há recebimento de informação visual. Se isso for verdade, até mesmo o fato de imaginar um movimento deve preparar o córtex sensório-motor para abandonar esse circuito inativo, tanto quanto um movimento real.

Experimento: dessincronização dos ritmos mu em movimentos imaginados

Para testar essa hipótese, realize o experimento uma última vez. Somente desta vez, em vez de movimentar a sua mão, simplesmente imagine estar movimentando-a. Pense intensamente e visualize por 10 segundos a sua mão com o punho cerrado. Procure não se encolher ou mesmo fazer pequenos movimentos. Imaginar não significa, no entanto, apenas uma imaginação visual – é mais como concentrar-se no pensamento sobre o movimento da sua mão, mas sem nunca realmente movimentá-la.

No estado de repouso, imagine não movimentar a sua mão. Nada deve mudar pela perspectiva do observador externo durante todo este experimento, o que pode ser difícil para o participante do teste. Quando alguém lhe pede para não pensar no movimento, provavelmente essa é a única coisa em que você conseguirá concentrar a sua atenção. Portanto, conseguir esquivar-se voluntariamente de determinados pensamentos requer um pouco de treinamento.

Se tudo der certo, você deverá conseguir visualizar os ritmos mu durante os períodos de relaxamento, e depois vê-los desaparecer durante os períodos de visualização desse movimento físico. Se você estivesse com uma série de eletrodos posicionados ao longo do seu couro cabeludo, alguém que lesse apenas o seu EEG conseguiria ver a parte do corpo cujo movimento você está imaginando? Experimente! Veja se você consegue fazer uma leitura mental dos movimentos.

Na realidade, muitas pesquisas já foram conduzidas sobre os ritmos mu, os quais continuam a ser explorados para o desenvolvimento de interfaces cérebro-computador (ICC) no desenvolvimento de neuropróteses. Dispositivos que rastreiam ocorrências de dessincronização dos ritmos mu podem ser utilizados para controlar *videogames* simples. Embora os programas usados para analisar e decodificar esses sinais sejam um pouco mais avançados do que o que podemos fazer visualmente, eles seguem esses mesmos princípios. As ondas mu poderiam ser fortes concorrentes para futuros dispositivos ICC de fácil utilização? Talvez você possa nos ajudar a decidir.

Perguntas de revisão

1. Repita os experimentos anteriores, mas em vez de fazer o participante movimentar o corpo, faça-o olhar para outra pessoa que esteja executando os movimentos. Alguns pesquisadores descobriram que a supressão dos ritmos mu durante a observação de outros movimentos pode ser um indício de atividade dos neurônios-espelho.
2. Algumas pesquisas sugerem que o reconhecimento visual de objetos que se possa segurar com facilidade provoca uma rápida e forte dessincronização, preparando o córtex sensório-motor para executar essa

ação. Imagine registrar o ritmo mu de alguém colocando uma bola de tênis ou uma maçã sobre uma mesa ao alcance do braço da pessoa. Você veria o ritmo mu mudar? Agora use um objeto grande que normalmente não consigamos segurar com apenas uma das mãos – um grande vaso de flores cheio de água e flores. Isso mudaria o ritmo mu?

15
O seu cérebro em meditação

O mundo está caminhando para uma maior conscientização sobre o bem-estar. Melhores condições de saúde significam não apenas comer de forma correta e manter uma boa rotina de exercícios físicos (em geral, criteriosamente controlada por equipamentos para condicionamento físico), mas também fazer exercícios de atenção plena (*mindfulness*), como yoga ou meditação. Somos alvo de uma avalanche de anúncios de aplicativos e vídeos que prometem ajudar a treinar nosso cérebro para que possamos alcançar um estado de mais paz e calma e melhorar a saúde física e mental.

Essas grandes promessas parecem, em alguns aspectos, estar efetivamente baseadas em dados. Os efeitos da meditação de atenção plena já foram pesquisados e publicados em revistas médicas e, de fato, muitos estudos já demonstraram os seus benefícios para a redução da pressão arterial e do estresse. Mas ao contrário da dieta e do exercício, que são facilmente mensuráveis e quantificáveis (calorias ingeridas, quilômetros caminhados), a meditação de atenção plena depende de autorrelato qualitativo, o que dá força aos céticos e poderia dificultar o aprendizado dos iniciantes. Mas a meditação deve ter um efeito fisiológico no seu cérebro, considerando-se os relatos de experiências com a meditação. E esses efeitos, no interior do seu cérebro, devem ser diferentes de quando você está simplesmente descansando, sossegado, com os olhos fechados (embora um observador externo não seja capaz de notar). Se pudéssemos registrar o cérebro durante o repouso e durante a meditação, poderíamos distinguir essas diferenças e ajudar os novatos, acrescentando uma unidade de medida à meditação.

Experimento: EEG da meditação e do repouso

Para esse experimento, vamos utilizar o nosso SpikerBox para registrar os dados do EEG a partir de um meditador de atenção plena. Procure alguns amigos ou parentes que sejam bons em meditação... aqueles que lhe dizem que meditação realmente proporciona alguma sensação. Como controles, você pode também recrutar outras pessoas que não meditam. Depois que encontrar alguém disposto, peça-lhe que se sente quieto enquanto nos preparamos para efetuar os registros a partir de quatro localidades do couro cabeludo. Trata-se de algo diferente dos outros experimentos contidos neste livro, que normalmente utilizam apenas uma ou duas localidades. A razão para o acréscimo de mais localidades é que ainda não sabemos onde procurar quaisquer alterações. Por isso, vamos ampliar a nossa área de busca e partir da hipótese de que a meditação deve alterar regiões do cérebro associadas à integração sensorial visual, auditiva, executiva ou tátil. Isso faz sentido, já que vimos que a falta do estímulo (tanto visual como motor) provoca oscilações no EEG. Talvez encontremos algo semelhante quando o nosso participante "limpar a mente" durante a meditação. Para começar, você precisará de duas bandanas com rebites de metal, colocando-as de modo que os eletrodos de metal fiquem alinhados com as localidades mostradas no diagrama a seguir.

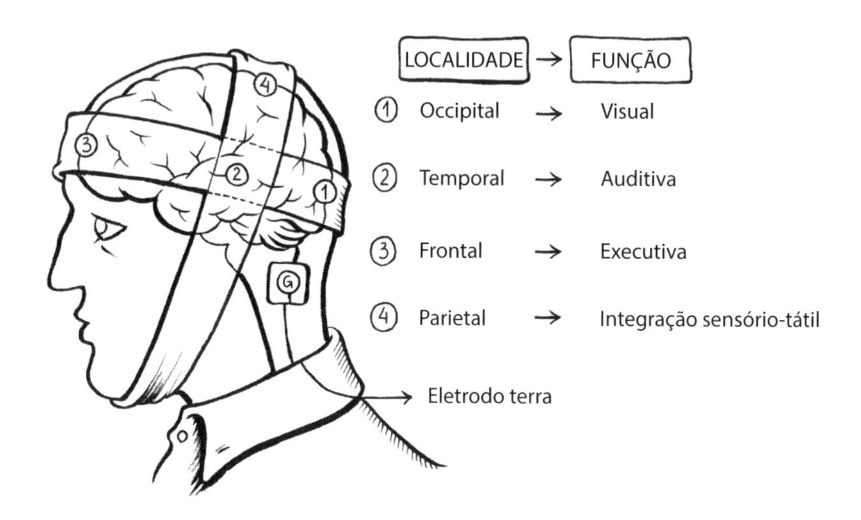

Essas localidades de registro correspondem aos diferentes lobos do cérebro humano identificados como núcleos de determinadas funções por meio de estudos de pesquisa. O lobo occipital, localizado na parte posterior do cérebro, é responsável pelas funções visuais. O lobo temporal lida com estímulos auditivos, paladar, reconhecimento facial e memória. Na parte frontal, localiza-se o lobo frontal (você adivinhou!), adequadamente incumbido da função executiva. Por fim, o lobo parietal é encarregado do tato e da integração sensorial. Não se esqueça do seu eletrodo terra atrás da orelha. Observe que você pode prender os grampos terra do tipo jacaré todos juntos nesse mesmo eletrodo adesivo.

Conecte os cabos no seu SpikerBox e abra o *software* do SpikeRecorder. Quando o seu dispositivo aparecer na tela, conecte-o e inicie uma nova gravação.

Repouso *versus* meditação... luta!

Vamos agora tentar fazer a distinção entre um cérebro em repouso e um cérebro durante a meditação. Mas como bons experimentalistas, procuraremos ao máximo remover quaisquer efeitos estranhos que possam ser decorrentes de fatores externos com probabilidade de interferir em nossos resultados. Uma coisa para ter cuidado é a ordem em que o nosso participante repousa e medita. Se mantivermos sempre a mesma ordem – digamos, repouso e depois meditação – você poderá acabar se enganando e achar que houve diferenças entre repouso e meditação, quando não houve. Digamos, por exemplo, que o ambiente estivesse quente, as pessoas estivessem ficando cansadas ao final dos experimentos e você pudesse acabar afirmando que a atividade do cérebro sonolento fosse, na realidade, um estado de meditação. Para solucionar esse problema, você pode simplesmente tirar cara ou coroa. Se der cara, o seu participante começará com um período de 10 minutos de descanso. Se der coroa, fique com a alternativa – 10 minutos de meditação. A total aleatoridade do cara ou coroa garante que qualquer diferença entre o estado de repouso e o estado de meditação não seja baseada no sequenciamento.

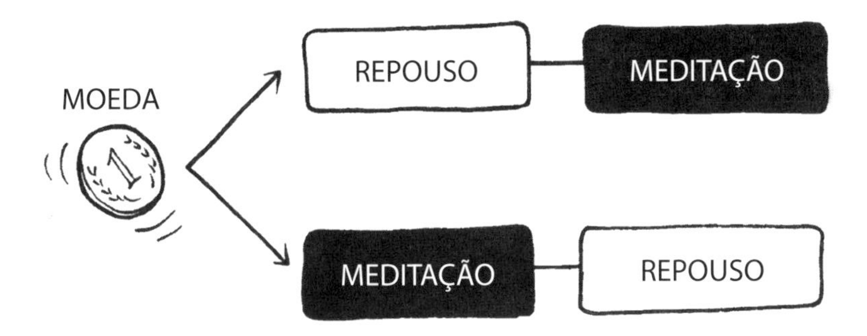

Em repouso, na tarefa básica, o participante se sentará quieto com os olhos fechados por 10 minutos, sem meditar. Durante a meditação, o participante executará a sua técnica regular de meditação. Ele poderá se concentrar na própria respiração, permitindo que o seu corpo se acalme. Ele poderá fixar o pensamento em um único objeto ou ideia enquanto procura se desligar ou deixar de lado qualquer possível distração. Se a atenção plena não for do feitio do participante durante as sessões de meditação, peça-lhe que abra mão de todo tipo de controle, deixando que os seus pensamentos fluam livremente... Não julgueis para que não sejais julgados! Anote em cada sessão a capacidade de meditação da pessoa e a técnica utilizada. Pergunte como transcorreu cada sessão, uma vez que precisaremos dessa informação mais tarde para fins de comparação. Qualquer que seja a técnica utilizada, solicite ao participante que medite ou repouse em intervalos de 10 minutos. Se conseguir alguém para uma sessão de 1 hora, você pode ter três períodos de repouso e três de meditação. A realização de várias sessões com o mesmo participante é útil na medida em que pode ajudar a determinar se as alterações são coerentes ou talvez aleatórias.

Análise

Depois que você tiver coletado dados de vários participantes, está na hora de começar a examinar os dados. A primeira tarefa do processamento de dados consiste na remoção de quaisquer artefatos, o que significa períodos de tempo em que a bandana não estava gerando uma boa conexão (produzindo períodos de sinais ruidosos) ou até mesmo outros sinais biológicos que possam parecer com o EEG. Por exemplo, ao registrar a área frontal, você pode captar os músculos oculares quando os olhos piscam. Podemos ver no exemplo a seguir que as piscadelas podem aparecer como pequenas deflexões nos dados, podendo convencê-lo de que você está registrando ondas delta. Devemos examinar os grandes intervalos de tempo isentos desses artefatos.

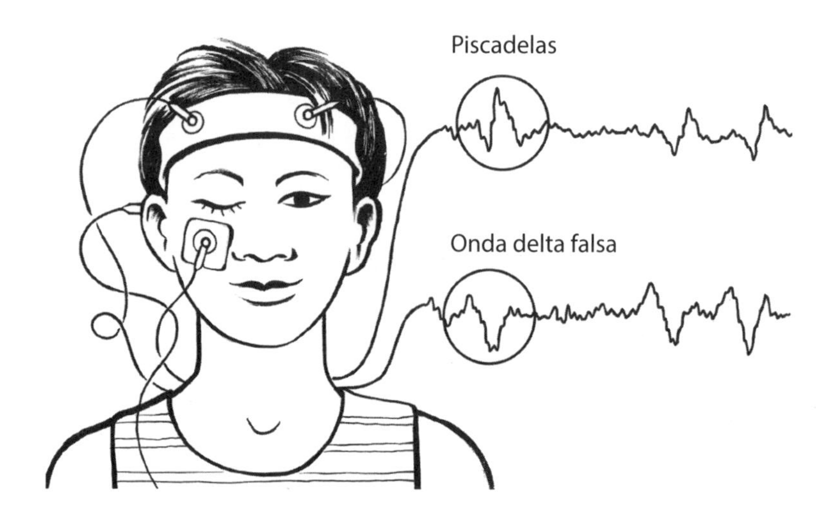

Uma boa maneira de iniciar a análise é simplesmente rolar os dados do EEG na tela e anotar quaisquer diferenças observáveis entre os estados de meditação e repouso. Por exemplo, você poderá ver algo assim no caso do autorrelato de um meditador profissional (alguém que medita mais de 5 dias por semana).

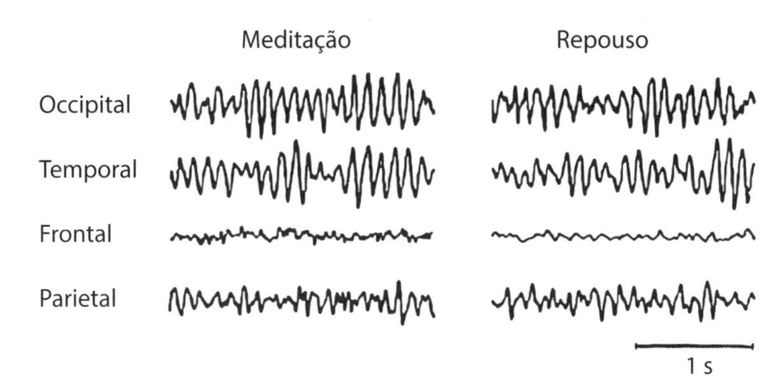

A primeira coisa que você poderá notar é que não é muito fácil distinguir, se é que há alguma diferença, entre esses dois estados, visto que os dois parecem relativamente semelhantes. Examinando melhor os dados, você verá diferenças entre os pontos de registro, mas não tanto entre as condições. Você poderá observar os lobos occipital e temporal apresentando mais ondas alfa (10 Hz) do que os demais. Isso não é de surpreender, uma vez que os olhos estavam fechados tanto em repouso quanto na meditação, mas está claro que vamos precisar de um computador que nos auxilie na análise dos dados.

Para quantificar as alterações, vamos examinar a força em faixas de frequência específicas do EEG. Você pode observar visualmente a força examinando a amplitude (a altura entre uma depressão e um pico) das oscilações. Quanto maiores os picos, mais fácil será visualizá-los a partir do ruído, e maior a sua força. Tradicionalmente, as diversas oscilações do EEG em geral são divididas em classes de frequência específicas normalmente visualizadas nos registros. Embora as frequências exatas de cada classe variem com frequência entre os documentos dos diferentes grupos de pesquisa, elas normalmente se apresentam da seguinte maneira:

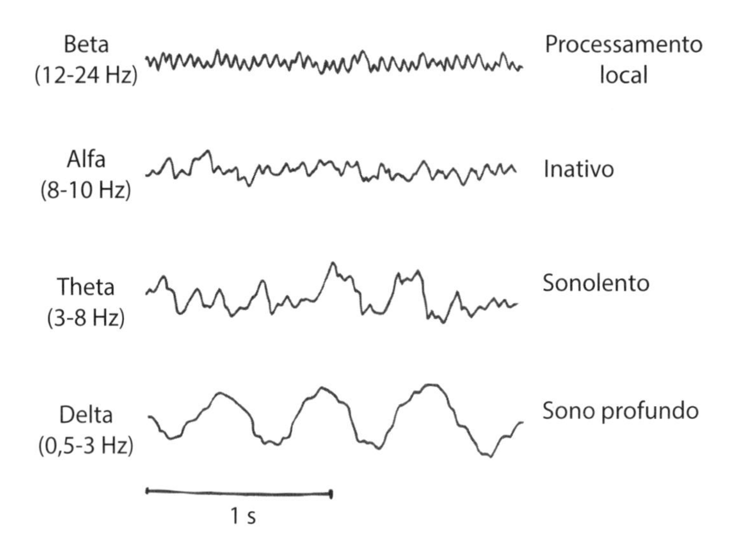

Para os fins da nossa análise, vamos nos concentrar nas alterações ocorridas na força das frequências alfa entre as duas condições. Por que alfa? Isso ocorre por intuição (o cérebro deve estar inativo se os pensamentos forem esvaziados durante a meditação), bem como pela leitura dos documentos de pesquisa a partir da literatura produzida pelo EEG. Outros estudos já mostraram diferenças de meditação na faixa alfa. Com um computador, podemos determinar a força média da banda alfa nos períodos de 10 minutos de repouso e 10 minutos de meditação. Veja como essa análise se apresenta no caso do nosso meditador profissional:

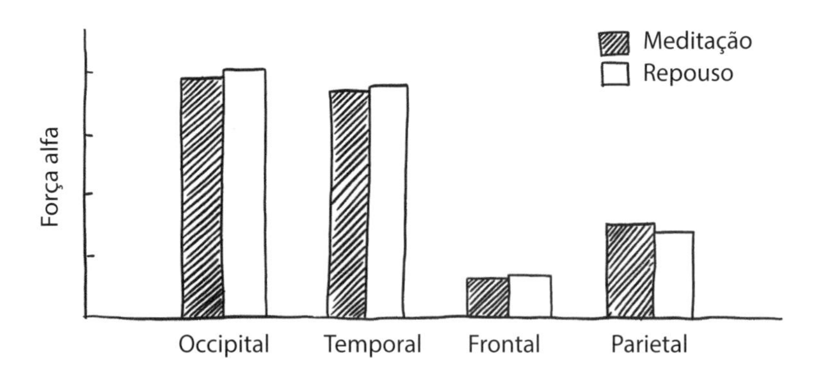

Hummm. Não parece haver muita diferença em qualquer das quatro regiões escolhidas para esse estudo. Mesmo com uma criteriosa análise de frequência realizada por computador, esse meditador parece apresentar ondas alfa de tamanhos semelhantes, independentemente de estar em repouso ou em meditação profunda. Aliás, você poderá achar que não houve muita diferença entre quaisquer dos participantes. E se achou, essas diferenças podem se perder quando você agrupar as sessões de todos os meditadores pesquisados. O agrupamento de múltiplos participantes é a melhor maneira de se afirmar um fenômeno. O efeito pode ser pequeno em um participante isolado, mas se um grupo de pessoas vivencia o mesmo pequeno efeito, torna-se mais fácil ver. Esse não foi o caso aqui.

Isso significa então que não há alterações no EEG do cérebro quando a pessoa está meditando? Não exatamente! Esse experimento vem mostrar que a ciência geralmente não é complicada em decorrência de fórmulas complexas e denominações latinas enroladas, mas porque você tem que fazer as perguntas certas e escolher a abordagem certa. Tivemos o cuidado de controlar a ordem dos ensaios e remover os dados que continham ruídos... mas a abordagem de meditação foi deixada a critério de cada pessoa. Os estudos que demonstram efeitos foram oriundos de determinados grupos de meditadores que tendem a adotar estilos semelhantes (digamos, meditação budista tibetana tradicional).

Perguntas de revisão

1. Além de escolher pessoas que utilizam os mesmos estilos de meditação, que outras alterações poderiam ser feitas no experimento ou na análise para explorar melhor quaisquer diferenças entre os estados de meditação e repouso?
2. Optamos por efetuar os registros a partir de quatro pontos no EEG. Isso é mais do que qualquer outro experimento contido neste livro. Mas é suficiente para esse estudo? Como você mudaria as posições ou o número de eletrodos?

PARTE III

NEUROCIÊNCIA DOS SISTEMAS

16
O controle do corpo pelo cérebro

Até aqui, exploramos a maneira como os registros efetuados a partir de neurônios isolados (picos) e de grandes grupos de neurônios (potenciais evocados e EEG) nos permitiram obter um profundo entendimento de como as partes do cérebro se comportam quando expostas a diversos estímulos ou movimentos controlados. Nesta seção, podemos começar a nos concentrar na maneira como os neurônios dessas diversas regiões do cérebro interagem para produzir determinados tipos de comportamento. Para tal, precisamos explorar os sinais elétricos produzidos por alguns outros órgãos do corpo humano, começando pelo coração.

Comparado ao cérebro, o coração realiza um trabalho relativamente chato. Bombeia, bombeia e bombeia, funcionando continuamente, dia após dia, para fornecer sangue e oxigênio para o seu corpo. Do ponto de vista anatômico, o nosso coração é formado por quatro câmaras; as duas câmaras superiores são denominadas átrios, e as duas inferiores, ventrículos. Os músculos do coração funcionam juntos para encher e esvaziar as câmaras em uma determinada ordem, a fim de permitir que o sangue flua por todo o seu corpo. Para entender como essas câmaras trabalham juntas de forma sincronizada, vamos examiná-las em maior profundidade utilizando as nossas habilidades em eletrofisiologia.

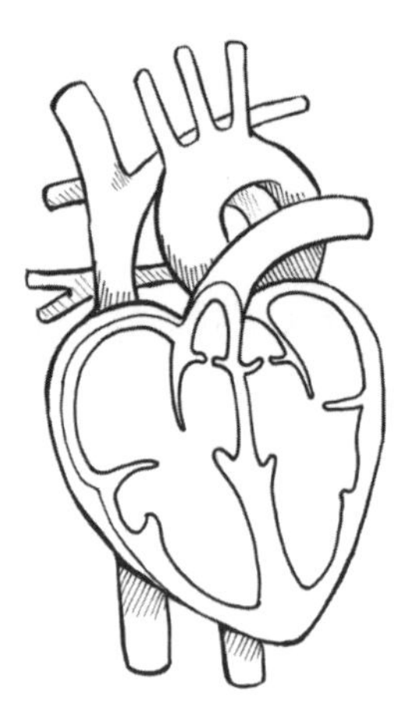

Experimento: mensuração dos potenciais de ação do coração (ECG[1])

Vamos monitorar a nossa frequência cardíaca e examinar as alterações nela causadas pelo centro cardiovascular do nosso cérebro. Como de costume, você utilizará os eletrodos adesivos para efetuar o registro. Esses adesivos contêm uma gota circular de gel à base de água salgada em um dos lados, circundada por uma fita adesiva. Do outro lado, há um grampo de metal que, em contato com o gel, permite a conexão dos cabos dos eletrodos, proporcionando uma boa conexão com o corpo. Pequenas correntes elétricas podem facilmente se deslocar do corpo para a pele, passando para o grampo de metal através do gel e descendo até os cabos dos eletrodos ligados ao nosso SpikerBox. Existem muitas opções de local para a colocação dos eletrodos.

Uma das maneiras mais fáceis de registrar o sinal do coração é colocar os eletrodos adesivos na parte interna de cada um dos seus pulsos e um eletrodo terra no dorso da sua mão. Fixe os grampos vermelhos do tipo jacaré aos adesivos no lado interno dos pulsos, e o grampo preto do tipo jacaré ao eletrodo terra no dorso da mão. Esse sinal, no entanto, pode

1 N.R.C.: Sigla para eletrocardiograma.

conter ruídos; qualquer flexão do pulso pode confundir o sinal e dificultar a interpretação. Portanto, apoie as suas mãos sobre uma mesa e relaxe. Se você estiver tendo dificuldade em capturar um sinal, existe também uma opção de leitura do tórax. Trata-se de um procedimento um pouco mais difícil em razão da barreira oferecida pelas suas roupas, mas que produz um sinal muito maior e menos sujeito a ruídos. Posicione os eletrodos adesivos de registro na parte superior do seu tórax, sobre o coração, e um eletrodo terra na parte inferior do seu tórax. Conecte os grampos vermelhos do tipo jacaré aos eletrodos colocados sobre o coração; e o grampo preto, ao eletrodo terra.

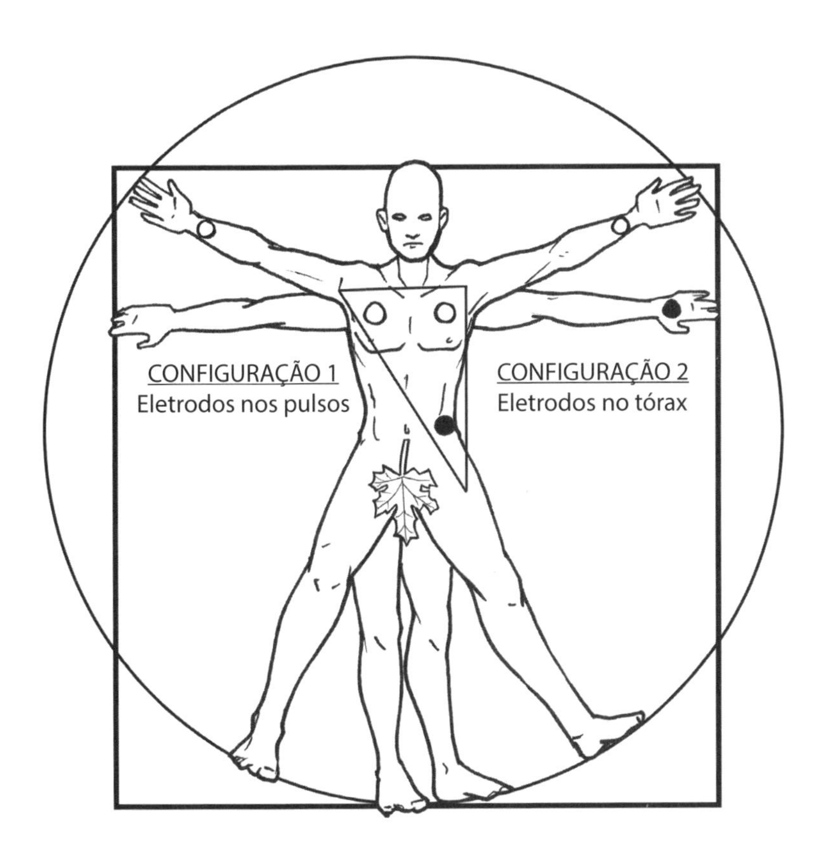

Conecte o cabo do eletrodo ao seu SpikerBox. Ligue o seu computador ou celular, e vamos iniciar o registro. Inicialmente, o seu sinal poderá parecer diferente daquilo que você pode estar acostumado a ver em visitas a hospitais ou programas de televisão:

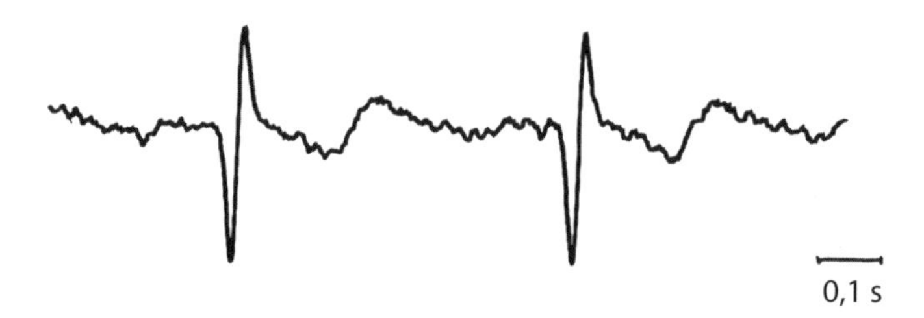

Algo não está certo. Os primeiros picos estão apontando para baixo, e não para cima. Para descobrir o que está errado, vamos recordar como funciona um bioamplificador contido no SpikerBox. O sinal que estamos registrando é uma amplificação da diferença entre os dois cabos vermelhos (vamos chamá-los de A e B). Com um ganho de G, isso simplesmente se traduz em G(A-B). Mas o que acontece se os cabos estiverem invertidos? Obtém-se G(B-A), que equivale a -G(A-B). O sinal está de cabeça para baixo. Para corrigir isso, basta trocar as posições dos dois cabos vermelhos, e o seu ECG deverá voltar a assumir uma forma mais familiar:

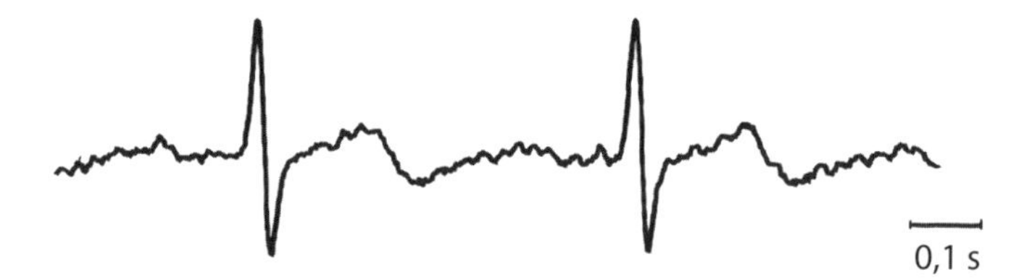

Ah... muito melhor! Veja o eletrocardiograma! Isso é o que se chama também por ECG.

Se o seu sinal estiver ruidoso, tente mudar a configuração dos eletrodos ou posicione o seu dispositivo de registro em outro lugar da sala. Caso esteja utilizando um *laptop*, evite ligá-lo em uma tomada na parede, pois a corrente alternada (50 ou 60 Hz) de saída pode produzir ruídos. Além disso, até mesmo pequenos movimentos musculares podem ser capturados, o que pode causar interferência na leitura do seu ECG. Apoiando as mãos sobre os joelhos, você obtém um sinal mais estável.

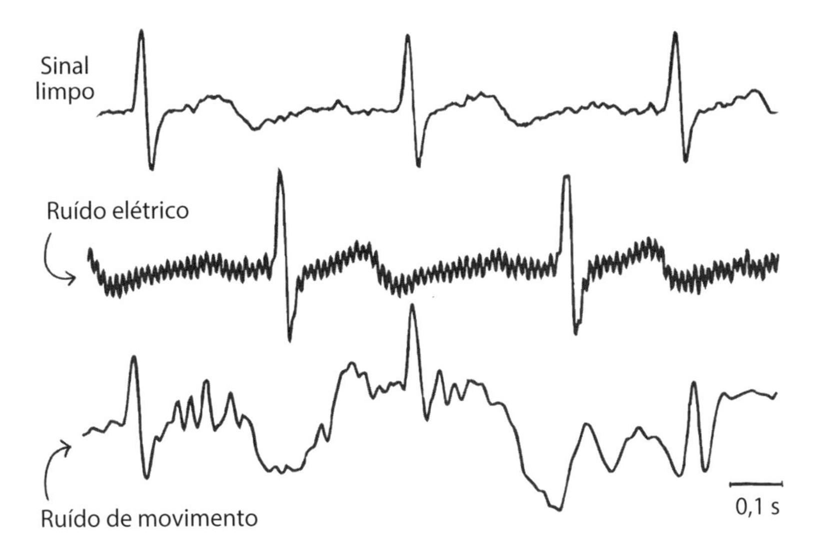

Certo. Isso parece familiar. Mas como sabemos que esse é realmente o sinal do seu coração? Tente sentir delicadamente o seu pulso enquanto observa o ECG. Você nota a correlação entre o sinal mecânico (pulso) e o sinal elétrico que vê na tela? Cada pulso deve ser associado a um único pico do sinal, sugerindo que esse sinal pode realmente ser proveniente do coração. Vamos tentar mais um experimento para nos certificarmos.

Experimento: resposta eletrocardiográfica ao exercício

Vamos testar essa relação mudando a velocidade de bombeamento do sangue. Desconecte os seus eletrodos e movimento um pouquinho o seu corpo. Faça alguns polichinelos, pule corda ou corra no mesmo lugar por cerca de 30 s para aumentar a sua frequência cardíaca. Quando reconectar os cabos dos eletrodos, você deverá ver a sua frequência cardíaca aumentada na tela.

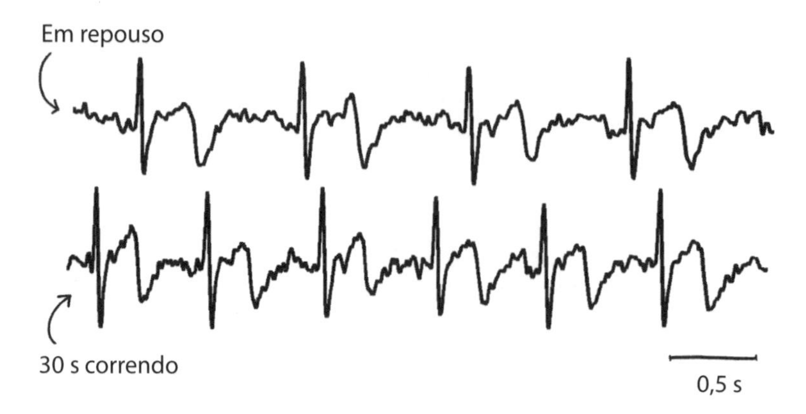

Para calcular o número de batimentos cardíacos por minuto, uma unidade-padrão quando se trata de frequência cardíaca, podemos pegar um minuto (60 s) e dividi-lo pelo tempo entre dois picos consecutivos. No caso da frequência cardíaca de repouso ilustrada anteriormente, o tempo entre os batimentos é de 0,93 s, ou 65 batimentos por minuto (BPM; 60 s/0,93 s). Após o exercício, o tempo entre os picos diminui para 0,6 s ou 100 BPM. Esse aumento corresponde à nossa intuição e sugere que o sinal elétrico definitivamente está relacionado ao coração.

Mas o que é esse sinal elétrico do coração e por que você consegue capturá-lo com tanta clareza, mesmo na parte interna dos seus pulsos? Vamos dar uma olhada na fisiologia do coração. O coração contém células miocárdicas especiais, denominadas "células marca-passo", que geram espontaneamente potenciais de ação rítmicos para controlar o seu coração. Atuando de forma rítmica, essas células provocam a contração das células miocárdicas do coração em um padrão específico (primeiro os átrios, seguidos por um retardo, e depois os ventrículos). É por isso que o seu coração consegue bater sozinho sem contribuição neural.

Essas células marca-passo são de vital importância para dizer ao restante do coração que se contraia de maneira sincronizada. (Quando as células do músculo cardíaco disparam e se contraem de maneira desorganizada ocorre o que chamamos de "fibrilação", que pode ser fatal.) Imagine uma multidão fazendo a "ola" em um evento em um estádio esportivo. É preciso que um grupo de muitas pessoas atue de forma precisamente coordenada para que a "ola" ocorra, e princípios semelhantes se aplicam à contração cardíaca. Determinados grupos de células do músculo cardíaco devem se contrair no tempo certo para que haja um bombeamento efetivo.

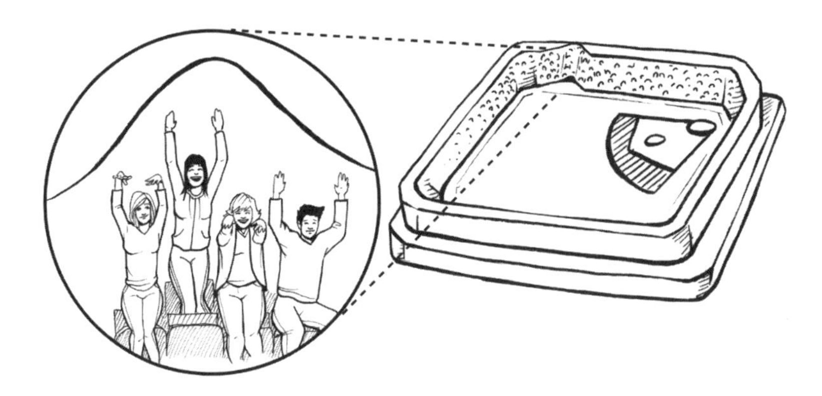

Certo. Mas como podemos registrar um sinal do coração nos pulsos? É semelhante à razão pela qual conseguimos ver as ondas do EEG através do couro cabeludo. Isso acontece quando a atividade elétrica do cérebro é coordenada por um grande número de neurônios que disparam simultaneamente no mesmo lugar. O mesmo vale para o coração. A contração elétrica de células do músculo cardíaco aglomeradas de forma coesa permite que o sinal elétrico percorra uma grande distância no corpo (incluindo os seus pulsos).

Agora, vamos examinar essas contrações. O ciclo cardíaco normal possui um perfil elétrico muito distinto: a clássica onda P, o complexo QRS e a onda T.

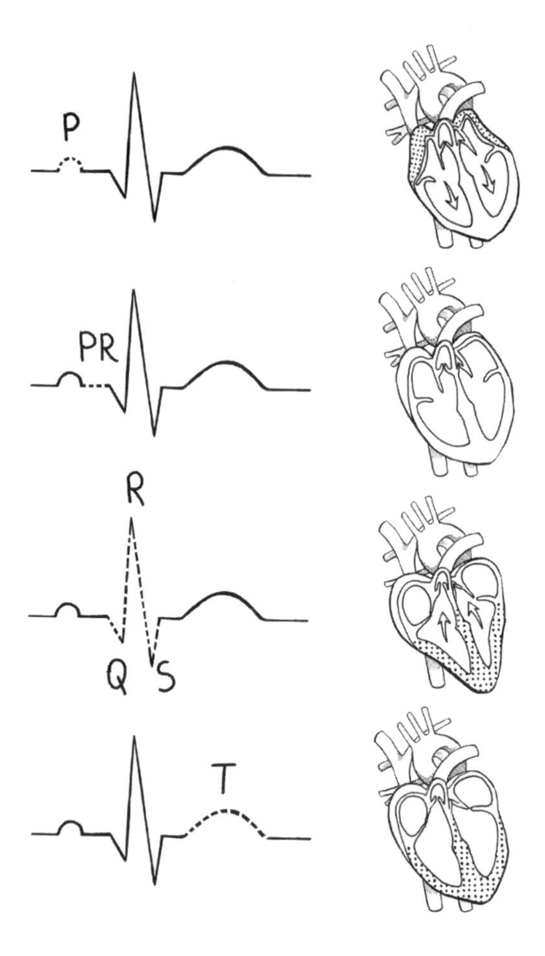

Esses sinais elétricos são regulados pelo centro cardiovascular do seu cérebro localizado no bulbo. O bulbo é a última parada no seu cérebro antes da medula espinal e controla as funções corporais básicas, como a respiração, a frequência cardíaca e a pressão arterial. O interessante é que o seu coração pode bater sem instruções do cérebro. Mas, muitas vezes, o seu cérebro toma as rédeas e decide que a sua frequência cardíaca precisa ser ajustada. Durante o exercício, é o centro cardiovascular, localizado na parte inferior do cérebro, que envia sinais ao seu coração, alterando tanto a frequência dos seus batimentos cardíacos como a força de sua contração.

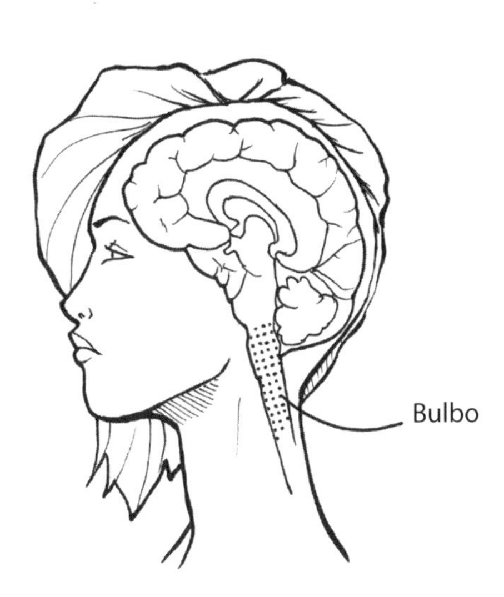

Agora que podemos medir facilmente o ECG, vamos começar a examinar em maior profundidade como o cérebro pode afetar o controle do corpo.

Perguntas de revisão

1. Estamos registrando os potenciais de ação cardíaca das células marca-passo ou as contrações musculares do coração? Por quê?
2. Existem muitos lugares diferentes em que você pode colocar os eletrodos para esse experimento. Que efeito(s) as diferentes posições exercem sobre o sinal que você vê? O sinal é diferente se você aproximar mais os eletrodos uns dos outros? Mais próximos do coração? Por quê?
3. Você acha que a sua frequência cardíaca em repouso é sensível à temperatura externa? Tente comparar a sua frequência cardíaca em repouso nos dias frios e quentes. Mas preserve a sua segurança!
4. A sua frequência cardíaca em repouso se alteraria antes e depois de comer? Por que isso poderia acontecer? Qual a relação da sua circulação sanguínea, se é que existe alguma, com a alimentação?

17

Sistema nervoso autônomo

O nosso sistema nervoso não está centralizado apenas em nossa cabeça. Ele permeia todo o nosso corpo. Mas por que o sistema nervoso precisa se espalhar pelo corpo? Vamos pensar na última vez que você teve uma prova importante. Antes de fazer a prova, você provavelmente estava sentindo um frio na barriga. É possível até que você tenha sentido o seu coração batendo acelerado, a sua pele suando e a sua cabeça martelando. Parece que o simples pensamento da prova no seu cérebro é suficiente para instigar o restante do seu corpo a se preparar para a ação.

Agora pense em como você se sentiu depois de fazer uma farta refeição no feriado. Você deve ter se sentido cansado mas relaxado. Aliás, o seu corpo pode ter começado a digerir o alimento antes que você sequer terminasse de comer. Parece que o seu corpo o está acalentando para que você entre em um estado de repouso e sonolência. Neste capítulo, realizaremos alguns experimentos para examinar como o cérebro pode controlar o restante do corpo de modo a prepará-lo melhor para o que está por vir.

Experimento: ativação do sistema nervoso simpático

Neste experimento, precisaremos criar uma situação de estresse para que possamos observar cuidadosamente como o corpo reage. Mas o difícil é descobrir como aplicar um estresse *real* (é difícil estar estressado por uma prova que, na verdade, não existe) e *ético* (não queremos nos sentir fisicamente ameaçados). Felizmente, existe uma maneira simples de deixar uma pessoa estressada, sem que isso resulte em dano psicológico: água gelada! Um balde de água com gelo geralmente é utilizado nos estudos sobre a dor, já que os seres humanos conseguem tolerá-lo, todo mundo já sentiu as mãos frias antes, e não se trata de nada assustador. Além disso, esse é um bom modelo de estímulo facilmente replicável em laboratórios de todo o mundo. Quanto mais tempo você mantiver a sua mão dentro da água gelada, mais desconfortável você se sentirá. Vamos ver o que acontece com o nosso ECG quando estamos começando a vivenciar esse tipo de estresse.

Encha um grande recipiente, como um balde grande, com três quartos de gelo e depois adicione água fria. Essa proporção é importante porque garante sempre o equilíbrio da mistura a 0°C. Você deve colocar o seu braço dentro do balde, portanto não deixe de colocar os eletrodos adesivos a uma altura suficiente na parte superior do seu antebraço (próximo aos seus cotovelos), de modo que os grampos vermelhos do tipo jacaré não se molhem. O grampo preto pode ser ligado a um eletrodo terra colocado no dorso da sua mão que não estiver submersa. Em seguida, ligue o cabo do eletrodo no SpikerBox e conecte-o ao seu computador ou dispositivo de registro.

Submerja a sua mão na água com gelo, deixando a parte superior do antebraço exposta – mantenha os eletrodos secos. Deixe a mão na água gelada até que você quase não consiga tolerar o frio e anote a sua frequência cardíaca nesse momento. Deixe a mão descansar e aquecer-se um pouco. Repita esse processo várias vezes, a fim de obter uma média.

Experimento: ativação do sistema nervoso parassimpático

Repetiremos o protocolo do experimento anterior, só que, desta vez, você irá mergulhar todo o rosto na água fria, e não apenas a mão. Não queremos água gelada desta vez. Despeje a água gelada e substitua-a por uma água fria mais tolerável. Certifique-se de que o recipiente seja de tamanho suficiente para que você possa mergulhar o rosto... tendo sempre em mente a sua própria segurança. Tenha sempre uma pessoa supervisionado você durante este experimento.

Para começar, registre a sua frequência cardíaca em repouso como base. Em seguida, segure a respiração e submerja o rosto pelo tempo que conseguir fazê-lo com conforto. Peça ao seu parceiro que observe a frequência cardíaca depois que o seu rosto tocar a água. Observe quaisquer alterações e o que está acontecendo quando a mudança ocorrer. A sua frequência cardíaca diminui e depois aumenta quando você retira a cabeça do recipiente com água e começa a respirar novamente? Repita o experimento algumas vezes, a fim de obter uma frequência cardíaca média para ambas as condições.

O que você está vivenciado é denominado "reflexo de mergulho". Quando um leão-marinho ou outro mamífero aquático mergulha, a sua frequência cardíaca diminui e as veias e artérias dos tecidos periféricos e membros se contraem. Isso limita o fluxo sanguíneo para os órgãos não relacionados com o mergulho, reduz o consumo de oxigênio do coração e mantém o fluxo de sangue para o cérebro.

Acontece que essa resposta existe em todos os mamíferos, inclusive em você. Quando a água fria entra em contato com o seu rosto e você está segurando a respiração, podemos ver o reflexo de mergulho como uma diminuição da frequência cardíaca. Podemos tentar variações para distinguir os efeitos do contato com a água no seu rosto e o simples fato de você segurar a respiração.

E então, o que acontece? A maioria dos nossos experimentos sobre a fisiologia humana até agora envolveu o sistema nervoso somático (neurociência neuromuscular) ou a percepção (neurociência sensorial), mas agora estamos focados na parte "involuntária" do sistema nervoso: o sistema nervoso autônomo. O sistema nervoso autônomo controla coisas das quais temos consciência ou não, mas sobre as quais geralmente não temos muito controle: digestão, homeostasia, transpiração, pressão arterial, frequência cardíaca e muitos outros fatores. O sistema nervoso autônomo é tradicionalmente dividido em dois sistemas: a divisão simpática (que ativa a chamada resposta de "luta ou fuga") e a divisão parassimpática (que ativa a chamada resposta de "repouso e digestão").

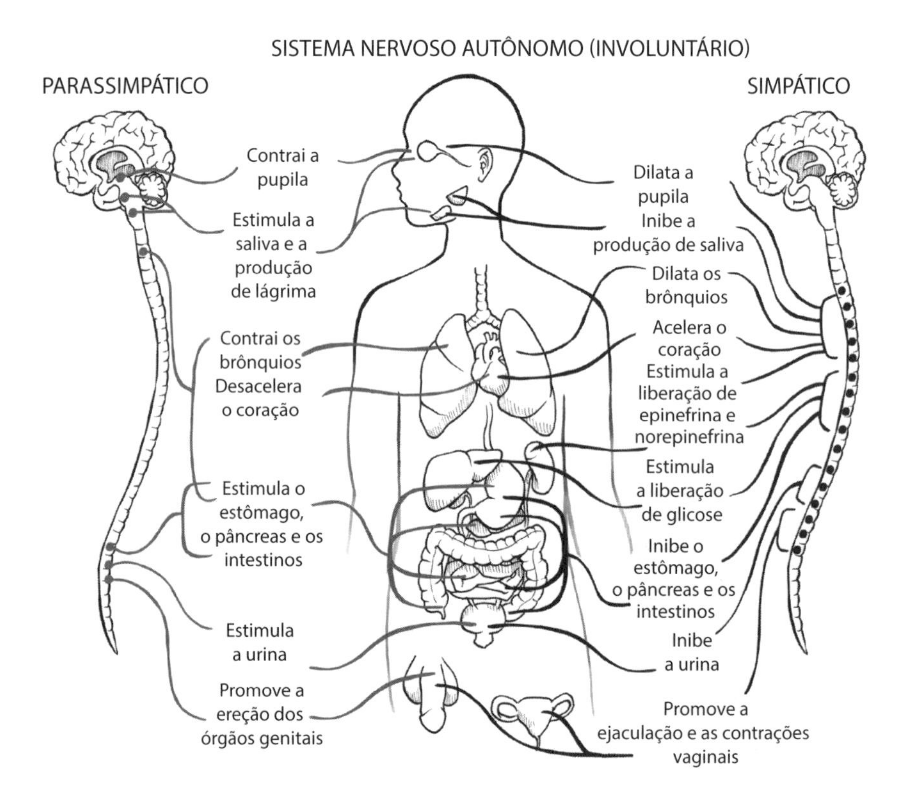

Utilizando a frequência cardíaca como um indicador, podemos estudar a ativação nervosa simpática e parassimpática, mas os efeitos são observados em todo o corpo. O experimento com a água gelada ativou o sistema nervoso simpático, daí o aumento da frequência cardíaca. A resposta ao mergulho resulta em uma frequência cardíaca mais baixa, o que indica um aumento da atividade parassimpática no coração.

Muitas das reações do corpo nos sistemas simpático e parassimpático são controladas pelos hormônios, os quais podem ser considerados como neurotransmissores que entram na corrente sanguínea, e não na fenda sináptica, para encontrar seus alvos. Isso significa que, em vez de tempos de resposta de 1 ms no cérebro, os hormônios apresentam tempo de resposta na escala de segundos a minutos em várias estruturas do corpo.

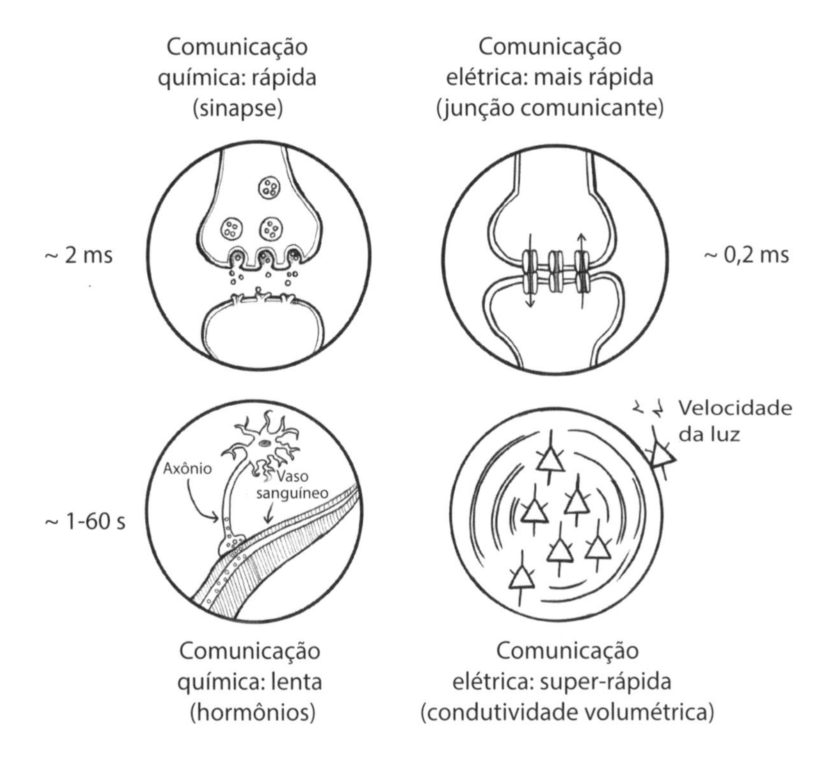

Por exemplo, quando o sistema nervoso simpático é ativado, a glândula pituitária, que ligada anatomicamente ao hipotálamo, no cérebro, libera o hormônio adrenocorticotrófico (ACTH) na corrente sanguínea e aumenta os níveis de cortisol, provocando diversas alterações fisiológicas, inclusive aumento da frequência cardíaca. Simultaneamente, a glândula suprarrenal, um gânglio neural localizado nos rins, libera norepinefrina, produzindo um efeito semelhante no coração.

Por que isso é importante? Porque nos ajuda a sobreviver. A regulação da pressão arterial, do oxigênio, da temperatura e da respiração do seu corpo é uma tarefa importante (mas chata) a ser desempenhada pelo cérebro. Essas funções de manutenção são relegadas à parte mais antiga do nosso cérebro (o tronco encefálico), que se encarrega de gerenciar os sistemas importantes de forma automática. Mas durante a evolução, precisávamos de uma maneira de modificar o controle do tronco encefálico do corpo para que pudéssemos estar preparados para correr ou lutar, se necessário. Isso hoje é administrado por um conjunto de estruturas cerebrais profundas denominado "sistema límbico", que evoluiu para controlar automaticamente o tronco encefálico durante determinadas situações emocionais. Esse sistema autônomo nos permite escapar mais facilmente de um prédio em chamas ou de um leão faminto mediante a preparação do nosso corpo para a ação.

O nosso neocórtex foi a última estrutura a evoluir e, por sua vez, é capaz de controlar o sistema límbico (o qual, por sua vez, controla o tronco encefálico) em resposta a situações complexas e abstratas. Por exemplo, se houver um chute a gol na pequena área do adversário faltando um minuto para o apito final, você sentirá o seu sistema nervoso autônomo em funcionamento (independentemente se for seu time ou do adversário). Portanto, pense nisso na próxima vez que ficar nervoso e notar que está suando – é o seu sistema nervoso autônomo cumprindo a sua função.

Perguntas de revisão

1. Como esses experimentos são relativamente fáceis de realizar com rapidez, você pode gerar rapidamente um grande conjunto de dados na sua família ou na escola. Existem diferenças entre atletas e pessoas com níveis de condicionamento normais ou baixos? Existem diferenças entre idades? Diferenças entre estudantes dos sexos masculino e feminino? Boa sorte nas estatísticas!
2. Estudamos anteriormente o efeito do exercício sobre a frequência cardíaca. Essa resposta de estresse causada pelo gelo aumentaria a frequência cardíaca por meio de outros mecanismos fisiológicos que não o exercício?
3. Experimente utilizar um respiradouro de mergulho (snorkel) para respirar enquanto estiver com o rosto submerso na água. O que acontece agora? A sua frequência cardíaca muda da mesma maneira

que quando você estava segurando a respiração embaixo d'água? O que pode estar acontecendo?

4. O controle do córtex para o sistema límbico e o tronco encefálico ocorre em apenas uma direção? Você consegue imaginar maneiras pelas quais o sistema límbico possa controlar o córtex? (Sugestão: pense nas decisões que você tomou enquanto estava sob condição de estresse ou apaixonado.)

18
Movimentos motores

O movimento permite que você explore e interaja com o mundo. Você caminha, corre, dança, canta. Você pula e gira. Mas como o seu cérebro diz ao seu corpo o que fazer? Já vimos que uma determinada faixa do cérebro chamada córtex motor (que se estende aproximadamente de uma orelha à outra) apresentou oscilações no EEG que desapareciam durante os movimentos. A partir daí, argumentamos que os neurônios do córtex motor estavam ativos e enviando comandos de movimento para diferentes regiões do corpo. Mas o que acontece do lado receptor desse sinal? De que maneira o cérebro realmente faz com que nos movimentemos? Vamos conectar alguns eletrodos e ver o que conseguimos descobrir.

Experimento: registro eletromiográfico (EMG)

Para investigar o que acontece durante os movimentos musculares, vamos conectar os nossos eletrodos a um músculo que seja fácil de controlar e efetuar os registros a partir daí. Se quiser registrar a partir do seu braço, coloque dois eletrodos adesivos, próximos um ao outro, no seu bíceps. Procure sempre separar os adesivos, porém mantenha-os sobre o mesmo músculo para ajudar a isolar o sinal no músculo específico a partir do qual você está efetuando os registros. Você deve conectar a esses dois eletrodos adesivos os grampos de registro vermelhos do tipo jacaré do cabo do seu eletrodo. Em seguida, conecte o grampo terra preto do tipo jacaré a um eletrodo adesivo no dorso da sua mão ou talvez a qualquer acessório de metal que você esteja usando.

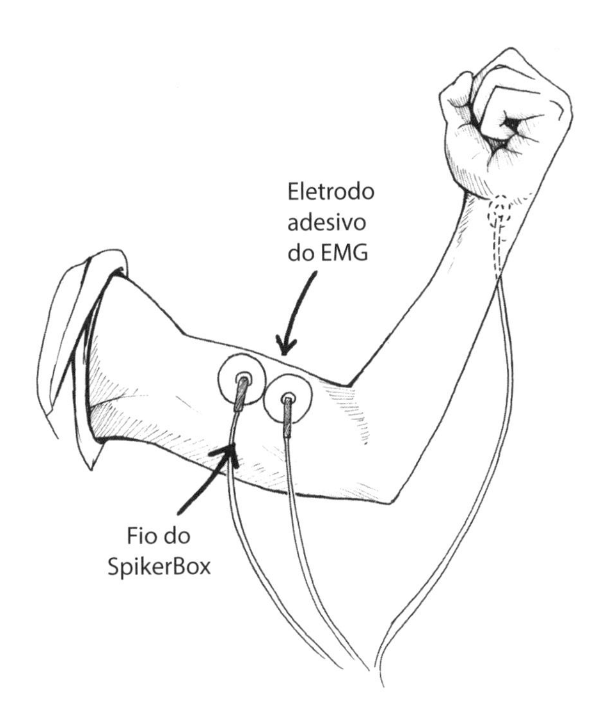

Conecte o cabo do eletrodo no SpikerBox e ligue-o. Comece ouvindo os sons produzidos. Procure detectar eventuais alterações no som – por exemplo, quando você flexiona o seu bíceps. Você ouvirá um ruído semelhante ao de um estalo da atividade de pico, similar ao que você ouviu em nossos experimentos sobre os neurônios realizados com invertebrados, só que desta vez o som parece um pouco mais profundo ou abafado. Flexione o músculo algumas vezes, tanto lenta como rapidamente, para se convencer de que você está de fato registrando algo a partir do seu próprio sistema nervoso. Bem-vindo ao seu eletromiograma (ou EMG)! Conecte o seu Spikerbox ao dispositivo de registro e abra o SpikeRecorder para que você possa visualizar os picos na sua tela.

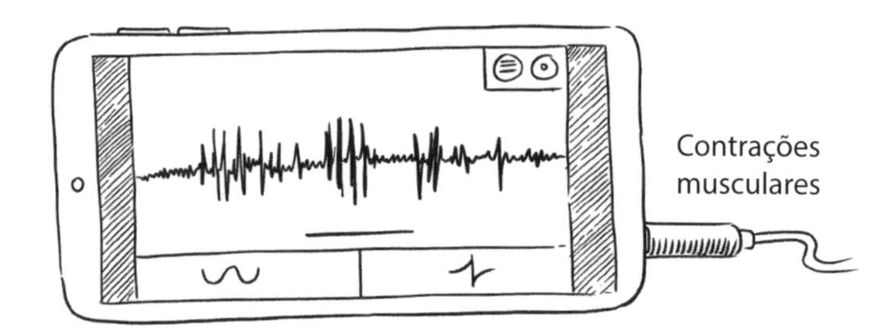

Familiarize-se com a maneira como o sinal normalmente se apresenta, sem nenhuma atividade, e então pegue algo pesado. Você irá ver e ouvir uma diferença no sinal exibido na sua tela e produzido pelo alto-falante: o som sibilante é o som de vários potenciais de ação disparando nos seus músculos por ocasião das contrações musculares. Você está ouvindo a conversa entre o seu cérebro e os seus músculos. Mas nós estamos realmente efetuando os registros a partir dos neurônios? Podemos aumentar o foco da imagem para obter algumas pistas.

Experimento: potenciais de ação da unidade motora

Vimos pelos nossos experimentos com baratas que os picos isolados dos neurônios são picos muito curtos com cerca de 1 ms de amplitude. Como os neurônios se conservam razoavelmente entre as baratas e os seres humanos, podemos dar uma olhada em nosso sinal para determinar se as amplitudes dos picos são semelhantes. Configure o seu arquivo de registro e reduza o foco da imagem, de modo que você possa visualizar cerca de 15 s de dados, e, em seguida, comece a flexionar os seus músculos.

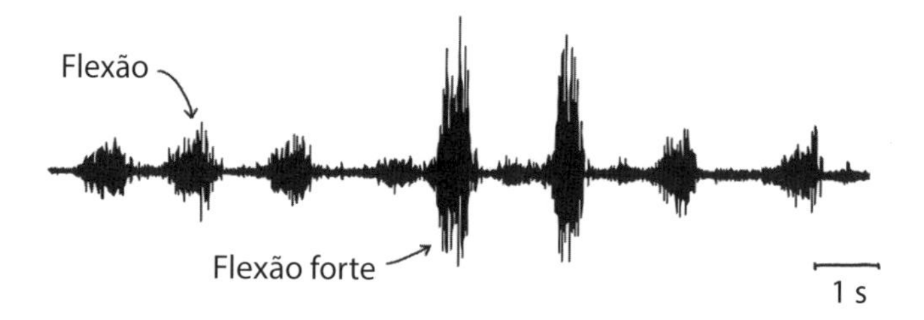

Podemos ver pequenos "fusos" de atividade. Chamam-se fusos pelo fato de cada um parecer-se com um fuso para fiação de tecidos. Vamos aumentar o foco da imagem mais um pouco para ver o aspecto desses fusos 10 vezes mais próximos no tempo.

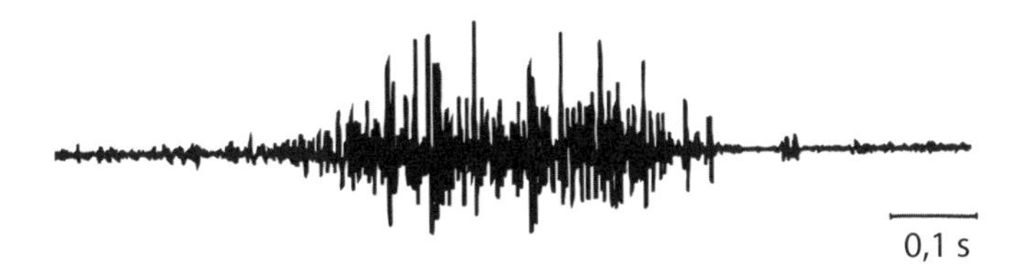

Estamos começando a ver alguns picos distintos nessa explosão de atividade. Esses picos poderiam ser neurônios? Vamos aumentar o foco da imagem mais um pouco.

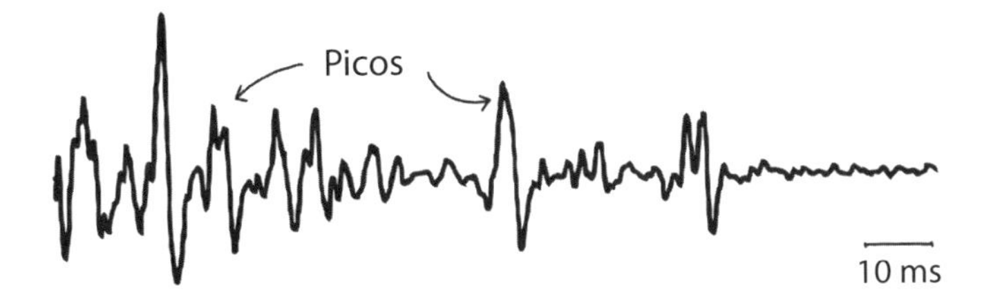

Examine essas sequências de picos nessa ampliação de imagem e você verá que algo está diferente dos neurônios observados no seu experimento com a barata. Embora os picos produzidos pelos neurônios fossem na ordem de 1 ms, as amplitudes dos picos agora parecem ser muito maiores, de cerca de 3 a 5 ms. Podemos determinar a média estipulando um limiar e tirando uma foto instantânea do sinal cada vez que a voltagem ultrapassar esse limiar. Se fizermos isso todas as vezes que o limiar for ultrapassado, teremos uma foto de cada pico. Podemos calcular a média de todos eles para determinar a forma de onda média de nossos picos.

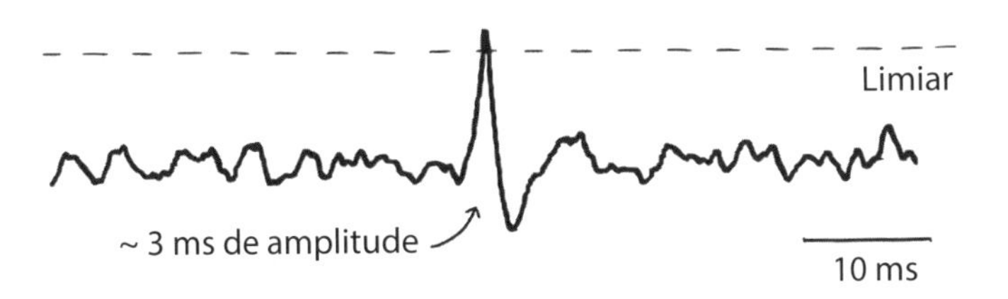

Podemos agora ver com clareza que os picos produzidos pelo registro de nossa atividade muscular realmente são muito maiores do que os picos produzidos pelos neurônios. Veja! Você acabou de descobrir os potenciais de ação da unidade motora.

Quando o seu cérebro resolve movimentar um músculo, os neurônios do seu córtex motor (chamados "neurônios motores superiores") percorrem o seu cérebro e chegam à medula espinal, formando sinapse com os "neurônios motores inferiores" (também conhecidos como "neurônios motores alfa". Esses neurônios motores, então, formam sinapse com o músculo, de modo a criar uma "unidade motora". Uma unidade motora é um único neurônio motor e as múltiplas fibras musculares que o inervam. Fibra muscular é um tipo muito especial de célula que pode mudar a sua forma em virtude das cadeias de miosina/actina que deslizam umas sobre as outras.

Um único neurônio motor pode formar sinapse com várias fibras musculares. Em geral, um músculo grande e poderoso como o bíceps possui neurônios motores que inervam milhares de fibras musculares, enquanto os músculos pequenos que requerem muita precisão, como os músculos do globo ocular, possuem neurônios motores que inervam apenas cerca de 10 fibras musculares.

Quando um neurônio motor dispara um potencial de ação, ocorre a liberação de acetilcolina na sinapse entre o neurônio e o músculo (esse tipo de sinapse tem um nome especial: "junção neuromuscular"). Essa acetilcolina provoca, então, alterações no potencial elétrico do músculo. Quando esse potencial elétrico atinge um determinado limiar, ocorre um potencial de ação real na fibra muscular. Esse potencial de ação se propaga pela membrana do músculo, provocando a abertura dos canais de cálcio dependentes de voltagem, dando início à cascata celular que, em última análise, causa a contração do músculo.

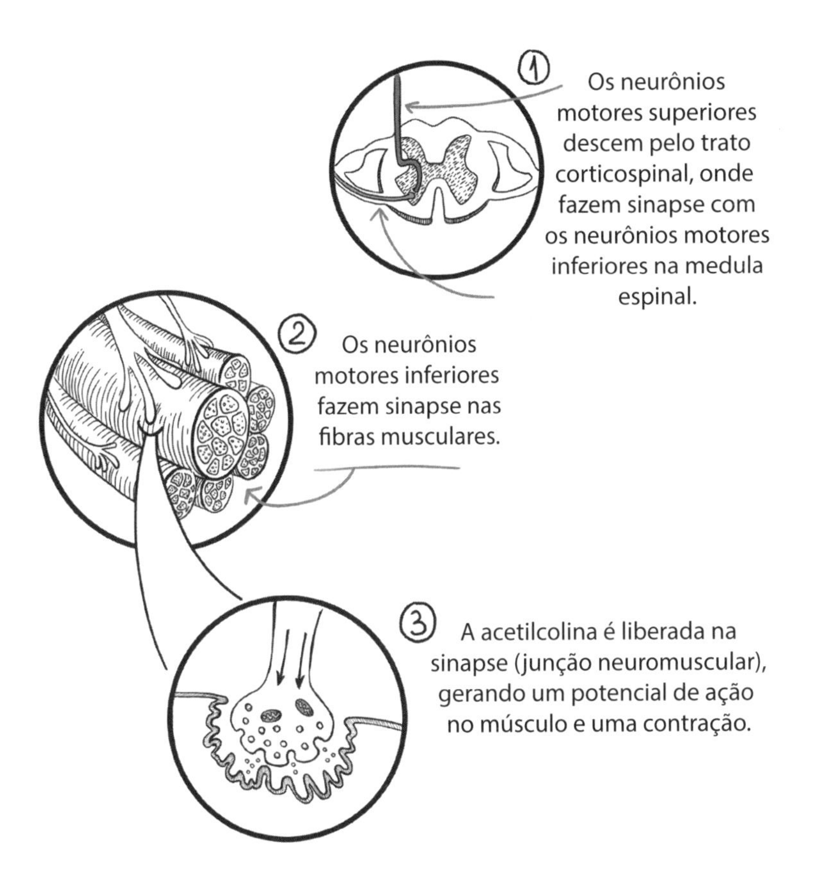

Como os tamanhos das fibras musculares são muito diferentes dos de um axônio, registramos um sinal muito maior com picos mais amplos.

É bom ter uma ideia de como os diferentes sinais eletrofisiológicos se apresentam. Embora as voltagens internas desses sinais nas células sejam todos semelhantes, a maneira como os registramos torna as voltagens mensuradas muito diferentes. Como as faixas de voltagem podem se sobrepor, podemos simplesmente medir a amplitude do pico para determinar se essa linha verde irregular é um neurônio, o coração ou um músculo.

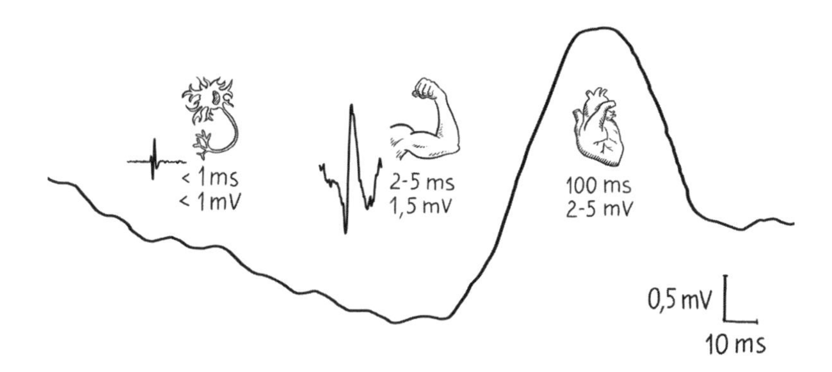

Perguntas de revisão

1. Você está efetuando os registros através da pele e a partir de várias fibras musculares simultaneamente. Como os registros difeririam se você estivesse efetuando os registros bem próximo a uma dessas células? E dentro da célula? Você veria o mesmo número e os mesmos tipos de picos? Como a amplitude se alteraria? Pense em uma maneira de testar ou comparar isso a músculos invertebrados, possivelmente utilizando o Neuron SpikerBox.
2. O que causou os picos que você viu? Especificamente, o que ocorre quando o pico é positivo? O que ocorre quando o pico é negativo? Tenha em mente que você está efetuando registros extracelulares e de várias fibras.
3. Você acha que conseguiria registrar a atividade dos neurônios sensoriais com essa configuração? Os impulsos são enviados de onde você sente algo até o cérebro. Tente tocar na mão do braço que você está registrando e veja o que acontece.

19
Recrutamento da unidade motora

Nosso corpo é uma super máquina de fazer inveja a qualquer mestre em robótica. Ele é capaz de executar uma série de movimentos complicados diferentes aos quais não damos o devido valor. Você consegue facilmente pegar objetos com tamanho e peso diferentes sem notar como se trata de algo de difícil execução. Você consegue pegar um saleiro, uma caneca de café ou uma jarra cheia de água sem pensar. Você é capaz até mesmo de despejar a jarra com água em uma xícara vazia que você esteja segurando com a outra mão sem notar conscientemente que uma está ficando mais leve enquanto a outra está ficando mais pesada... tudo enquanto segura a xícara e a jarra completamente paradas e niveladas. É difícil para um robô realizar essa tarefa.

Somos capazes também de controlar nossos músculos com minúcia. Se for um guitarrista, você consegue manipular as cordas. Se for um cirurgião, você manipula um bisturi. Se for um cientista, você manipula uma pipeta. Neste momento, você está realizando uma ação de coordenação motora fina ao virar as páginas deste livro. Cada habilidosa ação pode ser realizada com facilidade, geralmente, sem que você preste atenção. Cada unidade motora (um neurônio motor localizado na medula espinal, em conjunto com todas as fibras musculares por ele inervadas ao longo do trajeto) deve ser cuidadosamente controlada até para que possamos caminhar, que dirá para que possamos dançar com graciosidade. As unidades motoras constituem a conexão entre o cérebro/medula espinal e os músculos. Aqui, faremos alguns experimentos para ver como essas unidades motoras possibilitam a execução de movimentos precisos.

Experimento: o recrutamento muscular na mastigação

Neste experimento, comeremos algumas guloseimas gostosas para aprender como o nosso cérebro controla nossas unidades motoras de forma minuciosa. Antes de começar, precisaremos reunir algumas guloseimas. Procure diversos tipos de textura e maciez – por exemplo, *marshmallows*, *pretzels*, jujubas, *beef jerky*[1]ou uma alternativa vegetariana, como rapadura, bem dura e difícil de mastigar. Na medida do possível utilize itens comestíveis aproximadamente do mesmo tamanho. Depois de reunir os alimentos, vamos criar uma hipótese – uma previsão sobre o que achamos que iremos observar no experimento. Para os fins da nossa hipótese, vamos classificar vários alimentos do maior para o menor sinal esperado no EMG.

Utilize o SpikerBox para registrar os eletromiogramas do músculo masseter, um dos dois principais músculos da mandíbula responsáveis pela mastigação de diferentes alimentos. Posicione os seus eletrodos adesivos de modo que os centros (não as bordas) guardem uma distância de aproximadamente 2,5 cm entre si sobre o músculo masseter. Para descobrir a posição correta, aperte os seus dentes delicadamente... na lateral da sua mandíbula, você irá sentir um músculo se retraindo... é esse!

1 N.R.C.: Aperitivo feito com carne bovina.

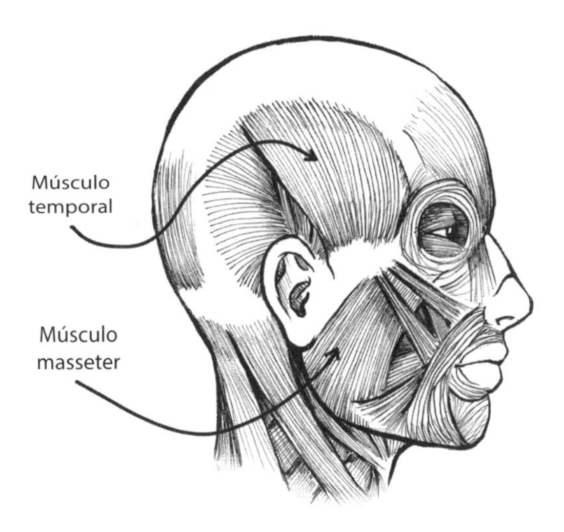

Conecte os seus eletrodos de registro (vermelhos) aos adesivos colocados sobre o músculo masseter; e o eletrodo terra, na face interna do seu punho ou no mastoide. Conecte os cabos ao SpikerBox e inicie o registro dos seus dados e do seu lanche. Coma um item de cada vez. Anote a hora em que você começou a mastigar e o tipo de alimento ingerido. Mantenha um ritmo de mastigação uniforme entre os alimentos. Você precisará dessas informações para decifrar os dados. Quando tiver terminado tudo, limpe as mãos e pare de registrar.

Vamos dar uma olhada no que registramos. Eis um exemplo de uma jujuba ingerida:

Para analisar esses exemplos, vamos medir apenas o segmento da mastigação no EMG. Utilize o seu dispositivo para medir o tempo de apenas um intervalo de mastigação, e observe a amplitude do EMG. Localize onde a mastigação começa e termina, e vamos restringir a nossa análise a esse segmento.

Compare os seus EMG entre os diferentes alimentos. Até que ponto você se aproximou da sua hipótese?

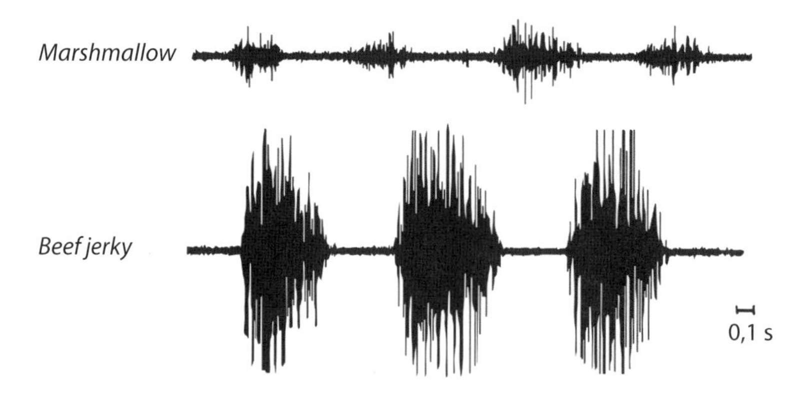

O tamanho relativo dos EMGs dos traços produzidos pelo *marshmallow* e pelo *beef jerky* revelam algo interessante. É importante notar que uma determinada unidade motora sempre tem um potencial de ação de tamanho semelhante. Um sinal de EMG maior indica que o cérebro está recrutando mais unidades motoras. Como o seu cérebro soube produzir um comando maior para o *beef jerk*?

Cada um dos seus músculos é subdividido em grupos funcionais de unidades motoras. Para realizar grandes feitos, como levantar um peso, as unidades motoras são ativadas pelo cérebro e se unem de forma previsível e sistemática a fim de produzir a força necessária para alcançar a potência exigida. Esse trabalho em equipe entre as unidades motoras é denominado "recrutamento ordenado". As unidades motoras com o menor número de fibras musculares começam a se contrair primeiro durante um movimento, seguidas pelas unidades motoras com o maior número de fibras, a fim de permitir uma contração suave porém vigorosa do músculo.

Observando com atenção os traços do EMG durante a mastigação do *beef jerky*, você pode ver que as unidades motoras menores (que foram suficientes para a mastigação do *marshmallow*) entram em ação logo no início e são seguidas pelas unidades maiores. Como você descobriu, você não precisa se preocupar em recrutar unidades motoras para gerar mais força no seu músculo. O seu cérebro ajusta as respostas neurais (o comando) do córtex motor, as unidades motoras respondem automaticamente, e você executa o movimento.

Perguntas de revisão

1. Procure efetuar o registro do uso de diferentes partes da boca durante a mastigação. O sinal elétrico fica diferente? Por que você acha que sim ou que não? Isso depende do que você está mastigando com aquela parte da boca? A mastigação dos alimentos normalmente exige o uso de diferentes partes da boca?
2. Efetuamos os registros a partir dos músculos responsáveis pelo fechamento da mandíbula, mas será que dá para isolar o músculo responsável por abrir a mandíbula? Tente repetir o experimento com alimentos viscosos, quando ficará mais difícil abrir a boca para mastigar novamente. Sugestão: o músculo se chama pterigóideo lateral e pode ser de difícil identificação.
3. Procure registrar os músculos masseter e temporal ao mesmo tempo com o seu SpikerBox. Eles demonstram uma atividade diferente quando você está mastigando?

20
Movimentos oculares

Nosso cérebro não se limita a controlar apenas a posição do nosso corpo. Ele controla também duas poderosas câmeras que capturam as informações visuais cruas do nosso entorno – os olhos. Nossos olhos têm uma função muito importante. Como criaturas visuais, dependemos dos olhos para transmitir uma quantidade incrível de informações de modo a permitir que o nosso cérebro identifique objetos, situações e perigos. Neste capítulo, conduziremos experimentos destinados a explorar como o cérebro controla os nossos olhos para que eles se movimentem e prestem atenção a objetos importantes no mundo.

Experimento: eletro-oculograma (EOG) horizontal

Pegue a bandana que utilizamos em nossos experimentos com o EEG e coloque-a logo acima do seu olho esquerdo. Ajuste-a de modo que os eletrodos fiquem posicionados em ambos os lados do olho. Aplique algumas gotas de gel para eletrodo embaixo dos adesivos de metal da bandana a fim de garantir uma boa conexão elétrica com a pele. Caso não esteja com a bandana à mão, você pode utilizar os eletrodos adesivos nos mesmos lugares.

Como todos os nossos experimentos eletrofisiológicos, precisaremos acrescentar um eletrodo terra que servirá de referência a todos os sinais. Um bom local para a colocação de um eletrodo adesivo terra é a saliência óssea existente atrás da orelha (o processo mastoide), conhecida por ser bioeletricamente silente. Agora coloque os grampos vermelhos do tipo jacaré nos eletrodos em torno do olho, e o grampo preto, no eletrodo terra posicionado atrás da sua orelha. Observe que cada um dos grampos vermelhos pode ficar de qualquer lado do olho pois sua localização, do lado esquerdo ou direito, não importa para esses experimentos introdutórios.

Conecte o cabo no seu SpikerBox e comece a registrar. Se os seus dados contiverem ruídos, verifique se o seu dispositivo não está ligado a uma tomada na parede e afaste-se um pouco de quaisquer tomadas elétricas e luzes fluorescentes.

Agora comece a movimentar os seus olhos. Tente movimentar os olhos para a esquerda e a direita e depois para cima e para baixo. Observe que esse experimento pode ser mais fácil se um amigo o ajudar a observar os dados enquanto os seus olhos se movimentam. Você notará que o movimento dos seus olhos para a esquerda e a direita causa uma deflexão muito maior do que o movimento para cima e para baixo.

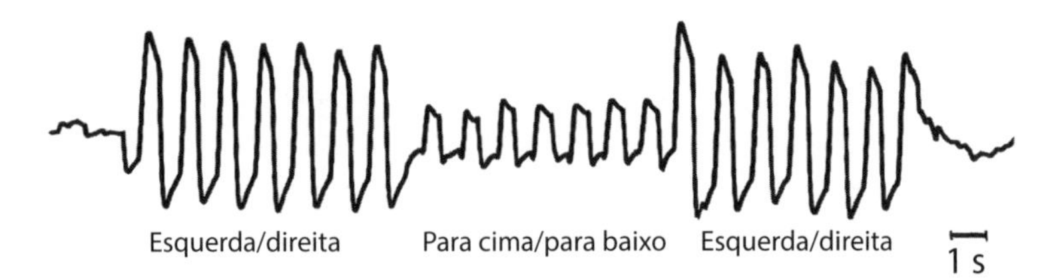

Experimento: eletro-oculograma (EOG) vertical

Agora ajuste a bandana de modo que um dos eletrodos de registro vermelhos fique posicionado logo acima do seu olho esquerdo, e coloque o segundo eletrodo vermelho sobre um adesivo logo abaixo do olho.

Repita o experimento. Você vê a mesma coisa? Você verá que, na verdade, ocorre o oposto.

Esquerda/direita Para cima/para baixo Esquerda/direita

1 s

Agora os movimentos para cima e para baixo estão gerando um sinal ligeiramente maior. Como pode isso? O que você acabou de descobrir foi que o seu olho, assim como o seu coração e o seu cérebro, gera potenciais elétricos. A única diferença é que esse potencial não se altera rapidamente em forma de impulsos, como seu coração e o seu cérebro, mas, em vez disso, produz uma diferença de voltagem constante entre as partes anterior e posterior que podemos mensurar. Especificamente, a parte anterior do olho (onde a córnea está localizada) é mais positiva do que a parte posterior (onde está a retina).

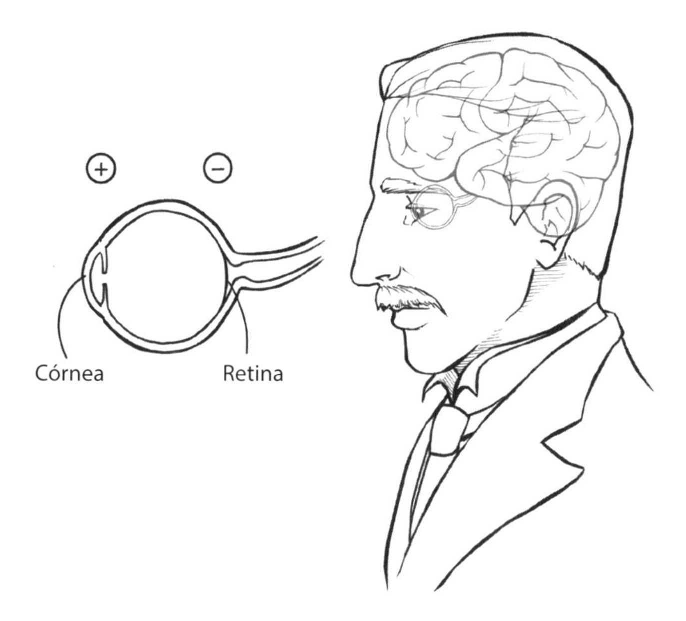

Os movimentos dos seus olhos para a esquerda e a direita aproximam ou distanciam a extremidade positiva dos dois eletrodos horizontais, enquanto os movimentos para cima e para baixo tendem a manter essa carga a uma distância relativamente mais constante. O oposto vale para o posicionamento dos eletrodos verticais. O movimento dos seus olhos para cima e para baixo fará com que a carga positiva se aproxime e se distancie dessas posições, em vez dos movimentos para a esquerda e a direita. O registro dessa voltagem é denominado "eletro-oculograma" (EOG), e pode ser utilizado para rastrear a posição do olho.

Experimento: movimentos sacádicos

Agora que você já sabe interpretar o EOG, vamos tentar um outro experimento. Ajuste a sua configuração para registrar eletro-oculogramas horizontais (nos lados esquerdo e direito do seu olho). Comece a registrar, mas, desta vez, vamos executar movimentos mais naturais com os olhos. Pegue um livro ou uma revista e comece a ler. Quando terminar, pressione o botão de parada e dê uma olhada nos resultados.

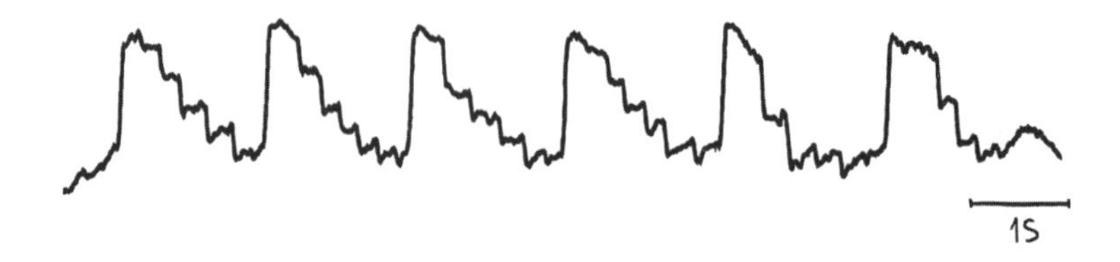

Nesse caso, vemos o que parecem ser escadas repetidas. Você poderá reconhecer a oscilação ascendente da voltagem como um movimento para a esquerda. Isso provavelmente é o seu olho se movimentado para a esquerda de modo a ler a próxima linha – mas o que são essas escadas?

À medida que você desliza suavemente o dedo sobre a página enquanto lê estas palavras, os seus olhos executarão movimentos rápidos e irregulares, saltando ao longo das linhas do texto. Enquanto lê esta frase, você está utilizando a fóvea do seu olho. Trata-se de uma pequena depressão na retina que contém cones aglutinados, permitindo que você determine a presença de um "A" maiúsculo na frase. Entretanto, a fóvea é muito pequena e não consegue visualizar simultaneamente a linha inteira. Ela é tão pequena que você só consegue, na verdade, ver cerca de 7 ou 8 caracteres de cada vez. Desse modo, os seus olhos devem saltar rapidamente no texto para processar as informações. Esses movimentos balísticos dos olhos se chamam movimentos "sacádicos" (palavra em francês para 'saltar').

Cada um desses movimentos apresenta um padrão extremamente semelhante. A voltagem muda com rapidez quando você pula para a palavra seguinte, mantendo-se relativamente constante por uma curta duração. Isso ocorre quando a sua fóvea está rastreando rapidamente o trecho seguinte do texto. Por fim, a voltagem aumenta quando os seus olhos interrompem o escaneamento e você passa à linha seguinte.

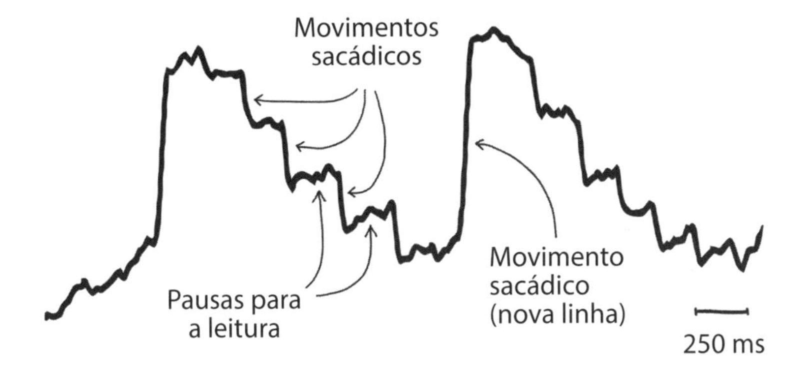

Não é apenas quando estamos lendo que os nossos olhos executam movimentos sacádicos. Nossos olhos executam esses movimentos irregulares para inspecionar todos os objetos estacionários. Quando olhamos uma bela pintura, direcionamos o nosso olhar de um ponto de interesse para o seguinte, absorvendo o máximo possível da pintura. Mas nossos olhos não estão apenas divagando sem rumo pela tela. Há, na verdade, muito interesse e propósito por trás de cada movimento. Nossos olhos estão rastreando a pintura para encontrar as partes mais interessantes. No caso do nosso experimento, registre os seus movimentos sacádicos enquanto inspeciona uma pintura ou uma foto. Como esses movimentos se comparam àqueles envolvidos na leitura de um livro?

Perguntas de revisão

1. Os potenciais são diferentes quando os seus olhos estão abertos ou fechados? Por quê?
2. A amplitude do potencial é afetada pela amplitude de movimento dos seus olhos? Com que rapidez? Que outras variáveis você acha que poderiam produzir algum efeito e por quê?
3. De que maneira o posicionamento dos eletrodos afeta o potencial gerado? Por que ele produz esses efeitos? Pense na física de como o potencial é gerado e como a eletricidade se movimenta no corpo.
4. Tente executar movimentos que envolvam apenas as suas pálpebras – fechar os olhos (lentamente), apertá-los e voltar a deixá-los bem abertos. Por que vemos ou não vemos um EOG no caso desses mo-

vimentos? Em caso afirmativo, como ele se compara ao EOG visto anteriormente?

5. O fato de alguém precisar ou não de óculos tem algum efeito? Por que ou por que não? Em caso afirmativo, qual é o efeito?

21
Fadiga muscular

Você está na academia, exercitando-se e levantando pesos. Você está se sentindo forte e resolve tentar uma rosca com halteres de 13 kg. Rep 1, rep 2, rep 3... Ui... por que está ficando tão difícil levantar o peso? No Capítulo 19, vimos o cérebro recrutando ordenadamente unidades motoras de acordo com a força necessária. Mas o que poderia estar acontecendo quando você está levantando pesos e os seus músculos começam a sentir fadiga?

Os fatores que explicam a fadiga são complexos, e depois de mais de 100 anos de pesquisas, esse ainda é um assunto de pesquisa ativa. Por exemplo, a fadiga de curto prazo (como não conseguir fazer roscas diretas com halteres de 13 kg, fazer mais flexões etc.) é diferente da fadiga de longo prazo (uma maratona, um percurso de bicicleta de 160 km ou um dia inteiro de caminhada pelo Parque das Agulhas Negras). Podemos lançar mão de nossas habilidades de registro de eletromiogramas para compreender a razão pela qual nossos músculos se cansam.

Experimento: rosca bíceps com contração isométrica

Coloque dois eletrodos adesivos no seu bíceps e conecte-os aos fios vermelhos do tipo jacaré. Coloque um eletrodo adesivo no dorso da mão, prendendo a ele o fio terra preto do tipo jacaré. Em seguida, conecte o cabo do eletrodo ao seu SpikerBox e este ao seu dispositivo de registro.

Selecione um halter com cerca de 60% do seu peso máximo de levantamento. Dependendo da sua força, pode ser algo em torno de 5 a 12 kg). Com as costas encostadas à parede para controlar a postura e a posição do braço, dobre o cotovelo em um ângulo de 90º e segure o peso pelo maior tempo possível. Os seus músculos estão trabalhando, mas as suas articulações não estão se movimentando. Essa é chamada contração "isométrica" (do grego "mesmo comprimento"). É possível que o seu pulso se canse mais rápido do que o seu bíceps. Se isso acontecer, você pode deixar o braço pendente com o peso na mão, em vez de empunhar o halter na mão.

Registre o seu EMG durante essa tarefa. Ajuste o ganho do seu sinal de modo que o sinal não saia cortado na tela do *software* de registro. Certifique-se de que consegue visualizar as pontas dos picos do EMG.

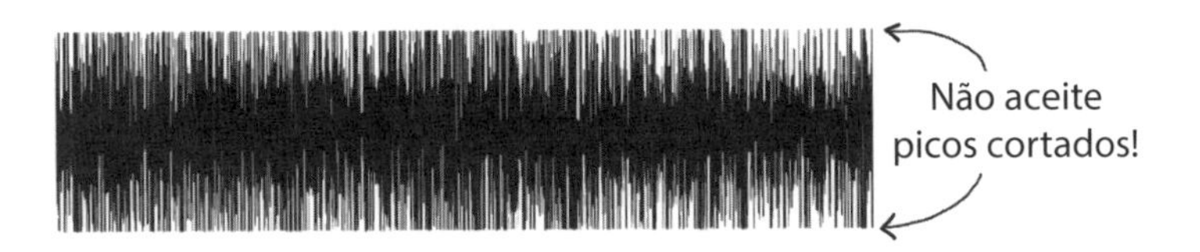

Agora que você está pronto, apanhe o peso e segure-o firmemente pelo maior tempo possível. Observe a amplitude (altura) e a taxa de disparo (número de impulsos) do sinal. Anote quando a fadiga começar e quando ocorrer falha. Ao terminar, examine os seus dados e veja se consegue identificar alguma tendência.

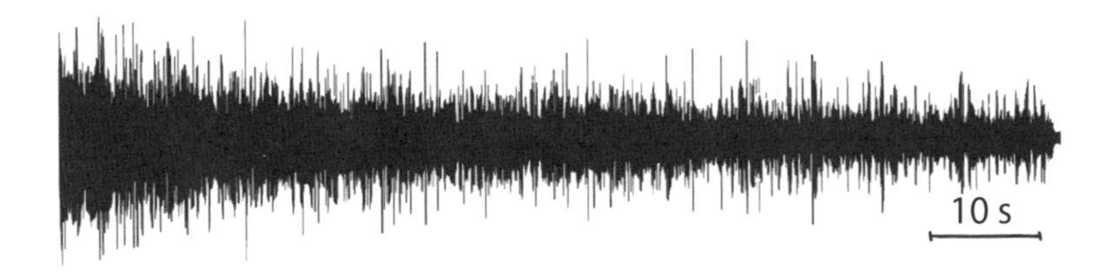

Parece estar acontecendo algo aqui! Quanto mais tempo você segura o peso mais diminui a amplitude do sinal do eletromiograma. Aliás, observando melhor, o EMG revela que os picos das unidades motoras maiores estão sistematicamente desaparecendo enquanto a rosca isométrica continua em execução – até um ponto em que as únicas unidades restantes não sejam suficientes... e você solte o peso. Essa redução da capacidade dos músculos de produzir a força desejada ou executar o movimento desejado se chama "fadiga muscular".

O seu cérebro pode recrutar novas unidades motoras para substituir uma unidade motora já ativa que esteja sofrendo fadiga. Mas os recursos de reserva são limitados.

Para entender por que as unidades motoras se cansam, temos que olhar o mecanismo existente por trás do movimento dos músculos. Quando uma célula muscular dispara um potencial de ação, isso provoca a liberação de cálcio (CA^{2+}) no interior da fibra muscular do retículo sarcoplasmático. O CA^{2+} então flui para o sarcômero, que contém actina e miosina. Esse processo dá início a uma complexa reação celular que permite que a miosina puxe a actina. O movimento da miosina puxando a actina nos sarcômeros é chamado "teoria do deslizamento dos filamentos" e consiste em quatro etapas.

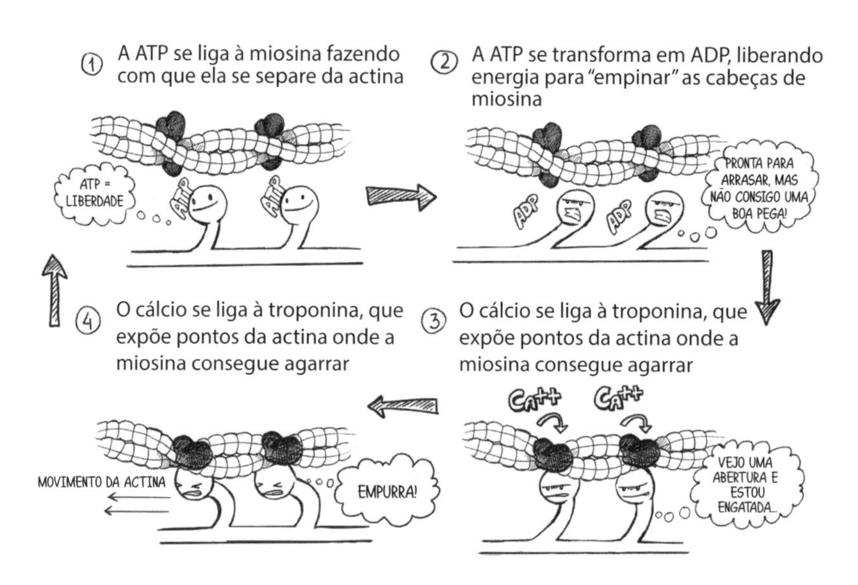

A ATP é uma pequena molécula que contém energia química e é produzida no decurso da quebra dos alimentos durante o metabolismo energético. O oxigênio, transportado pelo sangue e fornecido aos músculos, é necessário para a produção de ATP. Desde que o oxigênio esteja presente e possa ser prontamente transportado para a célula muscular, a ATP pode ser produzida em quantidades incríveis. É o que se chama de contração "aeróbica", o que significa "com uso de oxigênio". Entretanto, a contração dos músculos pode restringir o fluxo de sangue e, consequentemente, a disponibilidade de oxigênio. Os músculos poderiam simplesmente estar trabalhando de forma tão intensa (uma arrancada em velocidade máxima) a ponto de não haver oxigênio suficiente para atender à demanda.

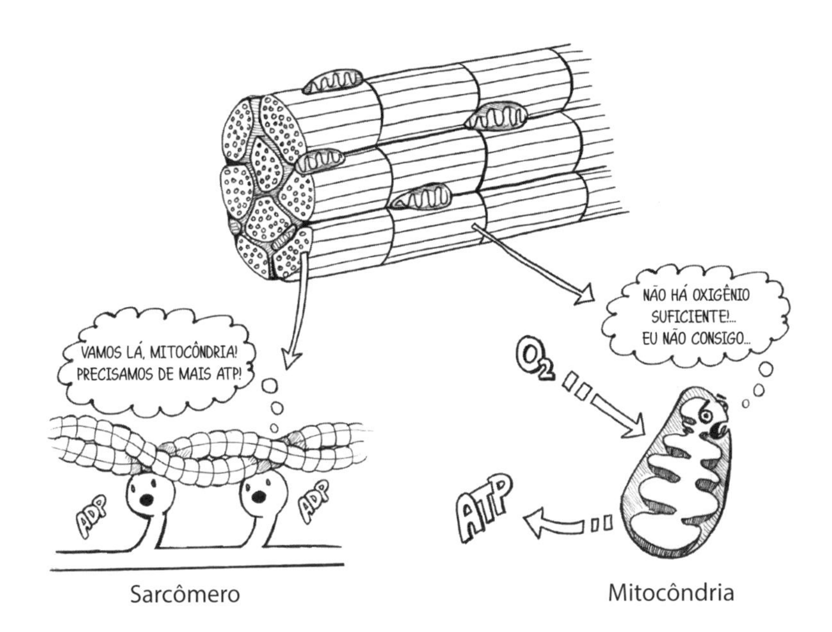

Se não houver oxigênio disponível como aceptor de elétrons, o ciclo de Krebs e a cadeia transportadora de elétrons não podem funcionar e o músculo deve receber ATP de outras fontes. Por exemplo, para uma atividade rápida e intensa, a fosfocreatina (sintetizada a partir dos aminoácidos) pode servir como uma doadora de fosfato para permitir a formação de ATP. É a chamada contração "anaeróbica", o que significa "sem uso de oxigênio".

Experimento: modelagem das taxas de fadiga na preensão isométrica

Vamos acrescentar alguns dados sobre a quantidade de força que podemos gerar. Para tal, podemos utilizar um dinamômetro portátil ou preensor palmar com um extensômetro acoplado. Um preensor que possa medir até 45 kg é bom o suficiente.

O dinamômetro portátil é projetado para medir a sua força de preensão. Coloque dois eletrodos adesivos na face interna do antebraço. Conecte os fios e cabos dos eletrodos da mesma maneira como fez para a rosca bíceps isométrica. Só que, desta vez, você deverá controlar manualmente os dados de força a cada 10 s, ou conectar o extensômetro ao SpikerBox.

Quando estiver pronto, pressione o botão de registro e comece a apertar a mão o mais forte que puder pelo maior tempo possível. Você verá o seu antebraço se enrijecer quando o sensor começar a produzir a sua força de preensão. Procure continuar apertando a mão o máximo que puder. Você poderá notar alguns pequenos saltos na força à medida que se reengajar para manter a maximização da força. Tudo bem. Continue apenas aplicando força máxima até desistir. Ufa! Pressione o botão de parada e dê uma olhada no registro.

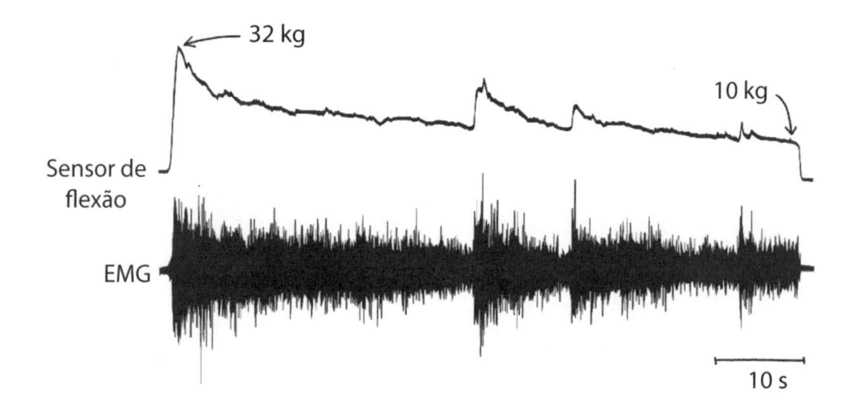

Nesse caso, podemos ver tanto a força de preensão revelada pelo extensômetro quanto pelo EMG. Podemos considerar os primeiros e os últimos 5 segundos da preensão para ter uma ideia de como o EMG e a força estão mudando. Podemos utilizar essas informações para estimar a taxa de queda de nossas unidades motoras, adaptando-a à função linear:

$$y = mx + b$$

Nesse caso, "y" é a força do EMG, "x" é o tempo, "m" é igual ao nosso declive no EMG (taxa de fadiga) e "b" representa a compensação do eixo "y". Você pode calcular a taxa de fadiga usando a equação:

$$m = \frac{(y_2 - y_1)}{(x_2 - x_1)}$$

Selecionando os primeiros 5 s dos tracejados do EMG, podemos mensurar a força como de 6,83 mV. Os últimos 5 s dos tracejados caíram para 2,1 mV. Podemos também ver que a flexão completa foi de 116 s. Portanto, a nossa taxa de fadiga passa a ser: m = (2,1 mV – 6,83 mV)/(116 s – 0 s) = –0,04 mV/s, com uma força de pico de 32 kg.

Tente coletar dados de várias pessoas e calcule as taxas médias de fadiga. Você poderá constatar que, embora os homens possam produzir mais força inicial, as mulheres podem apresentar fadiga mais lentamente. Por exemplo, as mulheres podem apresentar uma taxa média de –0,06 mV/s, enquanto os homens participantes da amostra podem apresentar –0,11 mV/s. Os seus dados preliminares sugerem que as mulheres podem ter mais resistência muscular. Por que elas seriam mais capazes de manter sua força por um período de tempo mais longo? Elas são mais fortes? Não necessariamente! Resistência não é necessariamente uma questão de força. Elas são mais resistentes? Certamente. Elas são inequivocamente melhores em termos de resistência muscular? Talvez!

Os estudos de pesquisa têm examinado essa diferença e constatado que a resistência das mulheres geralmente é maior do que a dos homens.

Mas onde podemos ver isso em um contexto não científico? A impressionante resistência das mulheres lhes proporciona uma vantagem em escaladas – esse é um esporte em que é comum ver as mulheres competindo diretamente com os homens. Estão sendo conduzidas pesquisas também sobre as provas femininas de corrida de resistência, e parece que homens e mulheres estão em pé de igualdade nesse quesito também.

Perguntas de revisão

1. Experimente os testes de fadiga de bíceps e antebraço com ambos os braços e mãos para ver se você observa algo diferente. Como já sabe, você possui um braço/mão dominante (sendo canhoto ou destro). O seu braço/mão dominante é mais forte ou mais resistente à fadiga do que o outro?
2. Como pode dois músculos com tamanhos parecidos serem tão diferentes em suas propriedades de fadiga? Não abordamos essa questão ainda, mas você pode aprender mais lendo sobre as fibras musculares de contração rápida e lenta.
3. Existem músculos muito resistentes à fadiga? Consegue imaginar alguns exemplos? Exercite os seus bíceps por um mês no ginásio da sua escola. Meça o seu tempo de fadiga e as alterações do EMG antes e depois do período de treinamento. Use a mesma carga/força de teste.
4. Ao fazer a sua trilha favorita, você poderá constatar, mesmo que o seu condicionamento não esteja muito bom, que consegue caminhar por 6 a 10 horas. Entretanto, se tentasse levantar repetidamente um halter de 45 kg, você logo se cansaria depois de 5 a 30 repetições em um espaço de 2 minutos, dependendo da sua capacidade atlética. Por que a escala de tempo de fadiga é tão diferente nessas duas atividades?

22
Reflexos

Você não precisa pensar nos reflexos. Eis a questão! Eles são muito rápidos e automáticos. Apesar do magnífico poder de processamento de informações dos bilhões de neurônios existentes em nosso cérebro, precisamos que muitas coisas sejam feitas automaticamente. Os reflexos movimentam o nosso corpo para nós enquanto o nosso cérebro pesadão ainda está tentando processar o que aconteceu.

Os reflexos também tiram uma carga cognitiva do cérebro. Sem eles, o nosso cérebro consciente ficaria sobrecarregado. Imagine estar constantemente pensando em como posicionar o seu corpo para se manter ereto. Quando você teria tempo para se engajar em pensamentos complexos (buracos negros, neurociência, o que fazer no fim de semana)? A teoria original sobre o funcionamento dos reflexos veio justamente de René Descartes.

Quando Descartes era menino e morava na França, muito antes de se tornar um filósofo famoso, ele vivenciou algo nos jardins do palácio real francês St. Germain que despertou a sua imaginação. O rei francês era meio brincalhão: ele confeccionou manequins em tamanho natural que pulavam e surpreendiam aqueles que passeavam pelos jardins, juntamente com outros autômatos mecânicos, como estátuas que se retraíam quando os amantes das artes tentavam se aproximar o suficiente para ver mais detalhes. René foi literalmente surpreendido por esses manequins que exibiam ações muito reais. Curioso, ele investigou mais a fundo e descobriu que o movimento era causado por um sistema hidráulico de tubulação de água.

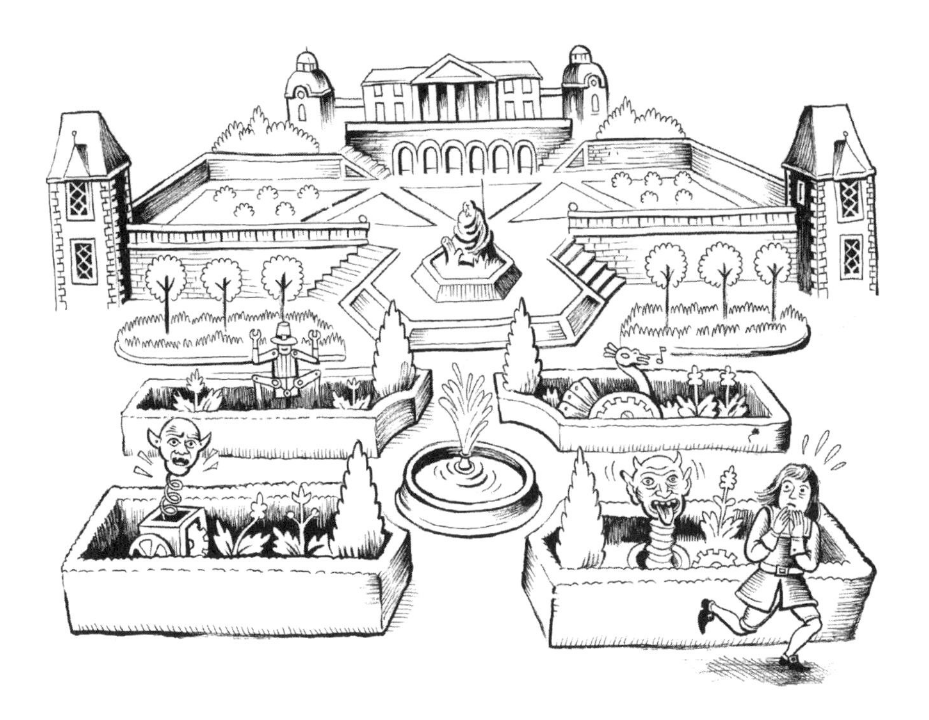

Descartes escreve sobre essa experiência em seu ensaio de 1633, "Tratado do Homem", que detalha a sua teoria dos reflexos. René era anatomista, e durante as suas dissecções ele descobriu que os nossos nervos pareciam ser pequenos tubos cheios de líquido (os microscópios com magnificação suficiente só seriam inventados algumas décadas mais tarde). Ele suspeitava que, de forma muito parecida com as amostras hidráulicas automatizadas expostas no jardim de St. Germain, o sistema nervoso era controlado por "espíritos animais" (fluidos mais finos do que a água), os quais circulavam pelos nervos dos animais e das pessoas, suscitando respostas automáticas.

Ele lida diretamente com alguns reflexos bem conhecidos. Em uma ilustração, um menino está colocando o pé em uma fogueira. René argumenta que as partículas de fogo têm força suficiente para deslocar ligeiramente a pele e fazer com que a fibra nervosa atue no cérebro (como o ato de puxar uma das extremidades de uma corda pode tocar um sino pendurado na extremidade oposta). Essa interação faz com que os espíritos animais do cérebro entrem no nervo e movimentem os músculos que retiram o pé do menino do fogo.

Embora tenhamos visto que é a eletricidade, e não os líquidos, que transmite as mensagens por meio dos axônios, a hipótese de René de que o cérebro é diretamente responsável pelos reflexos parece plausível. Nós temos axônios que correm de cima a baixo da medula espinal, para o cérebro e a partir do cérebro. Podemos realizar um experimento para testar essa questão, mas não queimando o seu pé em uma fogueira... utilizaremos um estímulo menos doloroso.

Experimento: reflexo patelar

Para essa configuração, precisaremos de um martelo de reflexo e um acelerômetro. Conecte o acelerômetro ao SpikerBox e prenda o sensor de modo que se possa medir a aceleração da oscilação do martelo. Peça ao seu participante para sentar sobre uma mesa com a perna pender livremente e contrair o músculo quadríceps (extensor do joelho) para que você possa colocar dois eletrodos de registro em um dos lados dos músculos flexionados acima do joelho. Coloque um no vasto medial, e o outro, no vasto lateral. Você pode colocar o eletrodo terra no dorso da sua mão posicionada ao lado da sua perna.

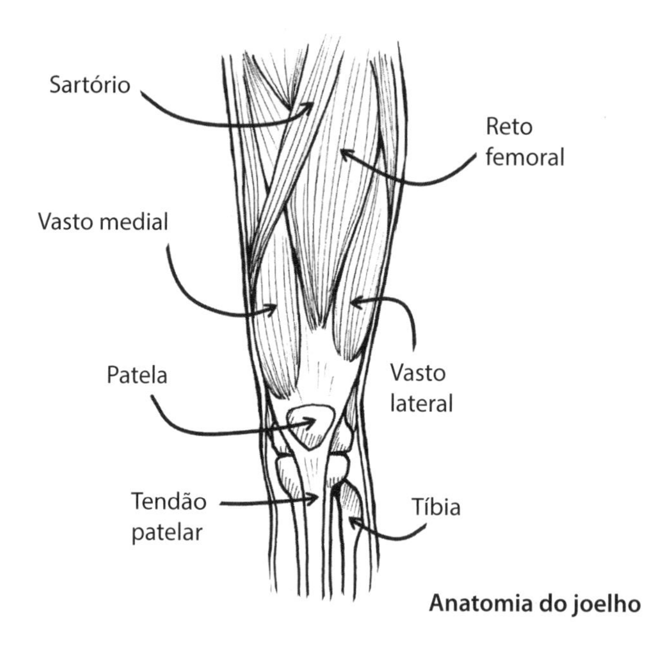

Anatomia do joelho

Enquanto estiver registrando o EMG da perna, bata com o martelo no tendão patelar (como o seu médico faz durante o seu exame físico). Veja quanto tempo decorre desde o contato do martelo (indicado por uma acentuada alteração na aceleração) até que a perna gere uma resposta do EMG ao reflexo da perna. Faça isso algumas vezes até conseguir gerar uma resposta com um EMG que você possa visualizar.

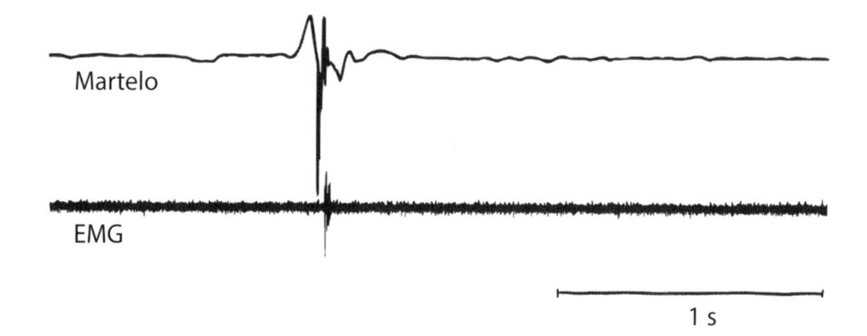

Isso acontece muito rápido, de modo que talvez seja necessário aumentar o foco de visualização para enxergá-lo. Ao obter aproximação suficiente, meça a distância a partir do primeiro pico no martelo até o primeiro pico no EMG e anote essa informação. Chamaremos isso de "tempo de resposta", que significa o tempo que o EMG leva para responder ao martelo.

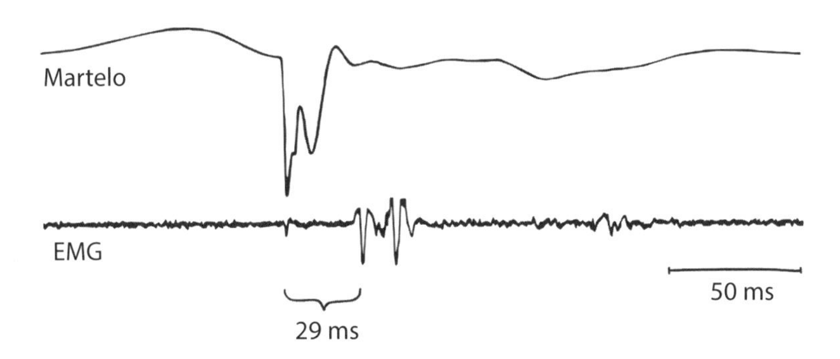

Nesse exemplo, o tempo decorrido foi de aproximadamente 29 ms desde o contato do martelo com a perna até que o EMG começasse a responder. Agora vamos ver se René estava certo. O sinal sobe até o cérebro e retorna para a perna? O que aconteceria se batêssemos com o martelo na perna oposta, provocando conscientemente o reflexo da mesma perna registrada nesse experimento?

Experimento: resposta ao toque patelar contralateral

Aqui estamos partindo da hipótese de que, como ambos os joelhos estão à mesma distância do cérebro, os tempos de resposta devem ser semelhantes, independentemente da perna estimulada. Para que esse experimento funcione, o participante precisará responder voluntariamente chutando com a perna quando sentir o martelo bater na perna oposta. Depois de efetuar o respectivo registro, aumente o foco de visualização e meça o tempo de resposta.

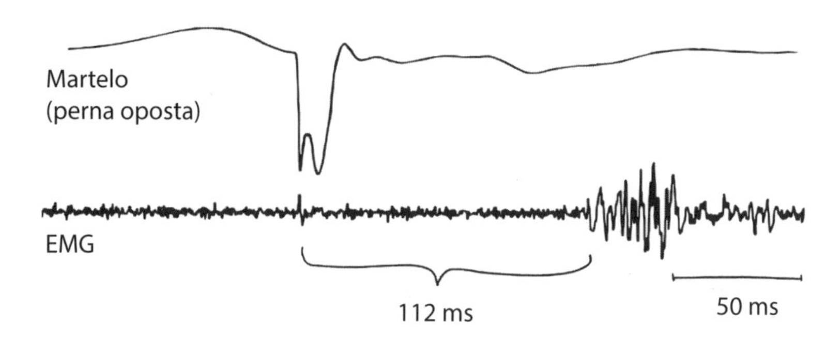

Eita! O EMG demora quase quatro vezes mais para aparecer quando você bate na perna oposta, comparado a quando você bate no tendão patelar. Isso parece refutar a nossa hipótese. O que poderia estar acontecendo?

Acontece que Descartes estava ligeiramente enganado em sua neuroanatomia. O tendão patelar possui sensores que interagem com a medula espinal através de uma via reflexa, sem precisar subir até o cérebro. O estiramento do músculo com o martelo ativa o fuso muscular existente na extremidade do neurônio sensorial (embutido no seu músculo) e aciona o reflexo. Esse reflexo visa a prevenção do estiramento excessivo do músculo, compensando-o com uma contração.

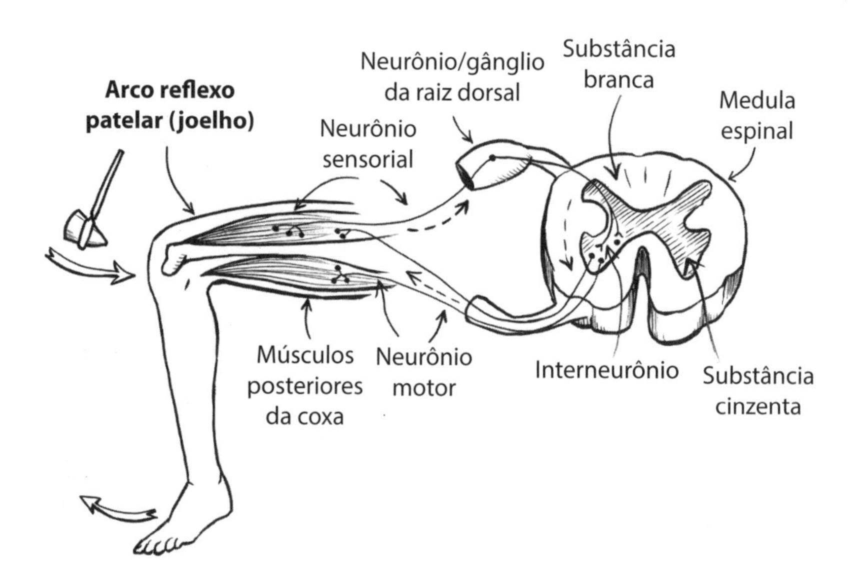

Como você pode ver, é necessária apenas uma conexão (uma sinapse) para que as informações do neurônio sensorial cheguem ao neurônio motor e provoquem uma contração muscular. Por causa dessa única sinapse, isso pode acontecer de forma muito rápida. Em uma pessoa jovem e saudável, o estímulo de estiramento leva de 15 a 30 ms para produzir uma contração do músculo. Essa reação é extremamente útil para corrigir o comprimento do seu músculo em resposta a alterações bruscas, como um escorregão ou um tropeço. Essas situações exigem correções muito rápidas para evitar quedas e lesões. Se tivesse que flexionar de forma consciente a perna em resposta a um estiramento inesperado do membro ao perder o equilíbrio, você provavelmente cairia.

Perguntas de revisão

1. Por que a comparação entre as duas batidas na perna não é muito favorável a Descartes? Ambas são reflexos?
2. Que outros reflexos você acha que poderia testar?
3. Será que a velocidade/amplitude da resposta muda, dependendo do estado da pessoa (por exemplo, se ela estiver cansada, possuir muita energia, tiver tomado café recentemente etc.)? Por que você acha que esses fatores afetam ou não o reflexo?
4. Não vá se machucar ou machucar alguém investigando esta hipótese, mas a velocidade ou a amplitude dependem da força com que você bate no joelho? Por que ou por que não?
5. Para esse experimento, a pessoa cujo reflexo for ativado normalmente mantém a perna relaxada, mas o que acontece se ela tentar resistir ao reflexo? Isso afeta a velocidade ou amplitude de alguma forma, ou sequer ocorre reflexo? Por quê?
6. Notamos duas coisas que merecem ser examinadas em maior profundidade. O tempo de reflexo tende a não variar muito em uma mesma pessoa durante uma sessão (sempre 2 ms positivos ou negativos), mas o tempo de reflexo entre pessoas diferentes pode variar de 13 a 35 ms. Por se tratar de um reflexo inconsciente, quais poderiam ser as razões para essa variabilidade entre indivíduos? Por outro lado, o componente da reação tende a variar mais de estudo para estudo com uma pessoa (110 a 300 ms). Por quê?

7. O reflexo do joelho é o exemplo mais famoso entre um grande número de reflexos que facilitam um pouco a nossa vida, por ocorrerem de forma impensada. Você seria capaz de pensar em (ou procurar) cinco outros reflexos do corpo humano? Você conseguiria elaborar um experimento para investigar se esses reflexos envolvem uma única sinapse (monossinápticos)?

23
Tempo de reação

No mundo dos esportes, o tempo de reação é extremamente importante.

Os atletas precisam ser capazes de responder o mais rápido possível. O fato de Usain Bolt conseguir correr 100 metros em 9,58 segundos é realmente impressionante. Mas é mais impressionante ainda se você considerar que esse tempo inclui o processamento de um grande volume de informações pelo sistema nervoso do atleta.

Vejamos com um pouco mais de atenção o início da corrida. A energia do som produzido pela pistola de largada deve entrar nos ouvidos do atleta; os neurônios das células capilares de seus ouvidos devem vibrar e enviar informações para o cérebro; os neurônios do cérebro devem identificar o som como um sinal de largada, e, por fim, os comandos motores devem ser enviados para os seus músculos. Todo esse processo leva tempo, e esse tempo do início do sinal de largada ao início do movimento motor é conhecido como "tempo de reação". Mas qual a duração do tempo de reação? Para descobrir, podemos efetuar um experimento simples com uma régua de 30 cm e um amigo.

Experimento: tempo de reação simples

A configuração é muito simples. Peça ao seu amigo que se sente diante de uma mesa com a mão dominante exposta sobre a borda da mesa para que ele possa segurar a régua com as pontas dos dedos quando você a soltar. Você deve segurar a régua pela ponta próximo à marca de 30 cm utilizando as pontas dos seus dedos, mantendo-a na vertical, de modo que a extremidade com a marca de 0 cm fique exatamente entre os dedos do seu amigo.

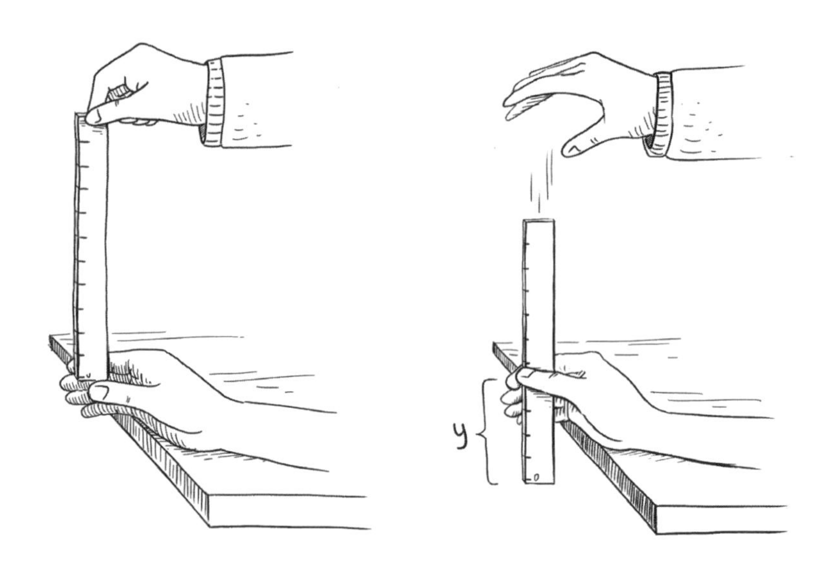

Diga ao seu amigo que, quando vir você soltar a régua, ele deve fechar os dedos, agarrando a régua o mais rápido possível. Procure não produzir quaisquer sons, gestos ou outras sugestões de que você está soltando a régua. Ele tem que reagir ao estímulo visual ao vir a régua sendo liberada. Registre em centímetros onde ele segurou a régua e repita esse procedimento algumas vezes.

De posse das medidas, precisamos apenas fazer o cálculo. A fórmula a seguir consiste em três variáveis: y = a distância medida em centímetros; g_0 = a aceleração decorrente da constante de gravidade (981 cm/seg^2); e t = tempo em segundos.

$$y = \frac{1}{2} g_0 t^2$$

Como estamos procurando o tempo (t), podemos reformular a equação lançando mão da álgebra da seguinte maneira:

$$t = \sqrt{\frac{2y}{g_0}}$$

Vamos fazer as contas.

Suponhamos que eu tenha registrado uma medida de 10 cm.

$$t = \sqrt{\frac{2 \cdot 10\,cm}{981\,\frac{cm}{sec^2}}}$$

1) $\sqrt{\frac{20\,cm}{981\,\frac{cm}{sec^2}}}$ Eu começo multiplicando um numerador e obtenho 20 cm. Em seguida, eu divido 20 por 981 de modo a anular a unidade em centímetros, ficando com seg^2.

2) $\sqrt{0.02038736\,sec^2}$ Eu tiro a raiz quadrada do número que anula o expoente, obtendo a unidade em segundos. Perfeito!

3) $t = 0.1427\,sec.$ (0.14 sec) Eu arredondo o resultado para 0,14 s. Isso significa que a régua caiu 10 cm em 0,14 s até que eu a agarrasse. Portanto, eu tive um tempo de reação de 0,14 s.

O seu amigo foi rápido? O tempo de reação normal dos seres humanos é de 0,15 s a 0,3 s. Nos Jogos Olímpicos de 2016, Usain Bolt teve um tempo de reação de 0,155 s.

Experimento: tempo de reação de escolha

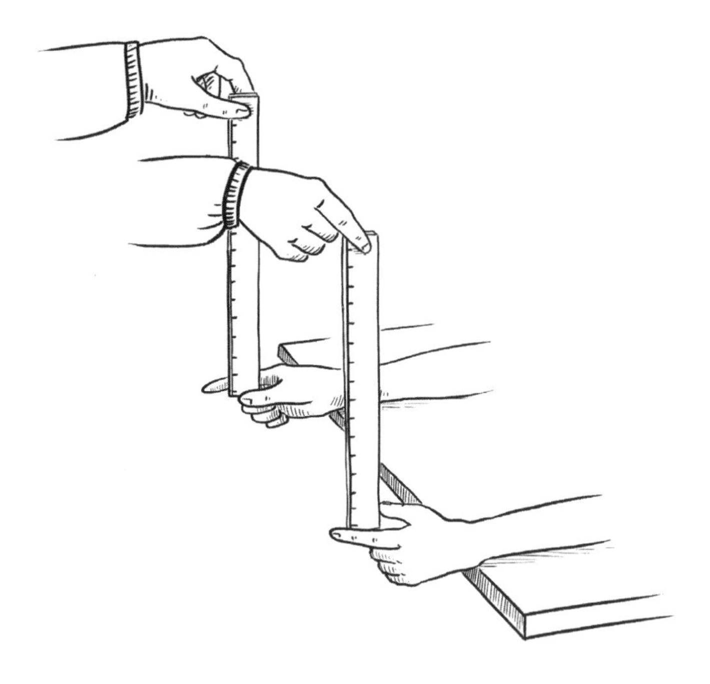

Neste experimento, tentaremos registrar a velocidade do processamento mental utilizando réguas simples. Você agora já sabe a rapidez, em média, com que o seu parceiro responde ao ver uma régua cair. Vamos dificultar a tarefa um pouco obrigando-o a tomar uma decisão primeiro. O seu parceiro deve se sentar diante de uma mesa, como antes, mas agora colocando ambas as mãos sobre a borda da mesa.

Desta vez, você manterá duas réguas suspensas sobre as mãos dele, em vez de apenas uma. Cada régua precisa estar nivelada na marca de 0 cm entre os dedos do seu parceiro. Diga-lhe que você irá soltar *apenas* uma régua, e que ele deve escolher a régua certa e agarrá-la o mais rápido possível. É importante que você lhe diga para não apertar as duas mãos, somente uma.

Quando estiver pronto para começar, escolha aleatoriamente a régua que você irá soltar, não importa qual. Você irá realizar esse teste outras três vezes, mas nunca diga ao seu parceiro qual das réguas será liberada. Quando terminar, calcule o tempo de reação dessa tarefa que envolve a escolha entre duas réguas. Vamos tentar ver o tempo de duração do processo decisório. Como o primeiro tempo de reação representa a trajetória entre as reações visual e motora, a diferença entre a tarefa com duas réguas e a tarefa com uma única régua lhe fornecerá uma estimativa aproximada de quanto tempo leva o processo decisório do cérebro. Quem diria que a régua poderia ser utilizada também para medir a sua capacidade cognitiva mental interna?

Perguntas de revisão

1. Em vez de observar visualmente a régua cair, tente segurá-la próximo aos olhos do seu parceiro e fazer com que ele ouça você dizer "soltar". Você acha que os estímulos auditivos produziriam um tempo de reação mais rápido em média? E se o participante fechasse os olhos e você o cutucasse (um estímulo tátil)?
2. Você esperaria que houvesse uma diferença nos tempos médios de reação entre homens e mulheres? E no caso de uma pessoa mais atlética comparada a uma pessoa sedentária?
3. Será que os jogadores de *videogames* apresentam tempos de reação visual e motora mais rápidos em razão do maior nível de prática no controle da tela? Teste essa hipótese com um grupo de jogadores e não jogadores.
4. Por que não testar o tempo de reação tátil da tarefa de escolha? Como você reformularia a configuração do experimento para testar os tempos de reação tátil dessa tarefa?
5. Como você sabe, você possui uma mão dominante e outra não dominante. Com apenas quatro ensaios, é muito difícil ver alguma diferença. Talvez você devesse repetir o experimento de 10 a 20 vezes com pessoa destras e canhotas para ver se há alguma diferença entre as mãos dominante e não dominante.

24
Considerações finais

Você chegou ao fim (ou, talvez, apenas ao início) da sua jornada conosco em que exploramos o seu cérebro e os sinais elétricos dos seres vivos. Esperamos ter lhe dado algumas ideias de como elaborar os seus experimentos e solucionar os problemas com os seus sinais, bem como algumas diversas maneiras de analisar os seus dados. Há muito mais a descobrir, e existem muitos outros caminhos não identificados a percorrer. Por exemplo, que tal efetuar registros a partir dos sinais elétricos das plantas, ou desenvolver interfaces humanas em que você possa controlar os dispositivos com os sinais eletrofisiológicos do seu corpo? Agora você já deve saber o suficiente para começar a investigar sozinho esses e outros campos instigantes.

Você deve ter notado que os nossos experimentos lidaram principalmente com a entrada e saída de informações do cérebro, com registros efetuados durante a estimulação sensorial ou com reações motoras. Como os neurocientistas conseguem controlar e medir essas entradas e saídas de informação com razoável precisão, sabemos bem como essas funções operam no cérebro. Mas talvez você tenha escolhido este livro no intuito de saber como funciona a consciência – nós (e muitos neurocientistas) adoraríamos aprender isso também. Ou seja, como medir experiências conscientes de difícil mensuração. Alguns dos experimentos contidos neste livro começam tratando da consciência, como os experimentos do P300 e do potencial de prontidão. Talvez você possa pensar em algumas formas criativas que o ajudem a ir um pouco além.

A nossa decisão de elaborar um livro utilizando uma abordagem que partisse do experimento, e não da teoria, foi deliberada. O grande biólogo Sydney Brenner certa vez disse: "O progresso da ciência depende de novas técnicas, novas descobertas e novas ideias, provavelmente nessa ordem". Este livro tem por objetivo lhe proporcionar mais intuição sobre como formular perguntas utilizando técnicas DIY, como analisar dados para fazer descobertas e como combinar essas descobertas com o que já se sabe para adquirir mais *insights*. E embora a abordagem possa ter parecido um pouco dispersa (em um experimento, registrando as respostas das antenas de um bicho-da-seda a diferentes tipos de odores, e em outro, registrando as alterações da frequência cardíaca ao colocar as suas mãos na água com gelo), a nossa intenção foi dar uma visão geral bem ampla das técnicas de registro de como os diversos sistemas elétricos funcionam juntos no seu corpo e cérebro.

O título deste livro, *Segredos do cérebro – neurociência a seu alcance*, é, de fato, presunçoso. A verdade é que ainda há muito o que aprender sobre o funcionamento do cérebro, e nós ainda estamos nos estágios iniciais de descoberta. Escolhemos esse título para transmitir a noção de que o cérebro é algo que podemos compreender em termos de princípios e mecanismos. Esperamos que a leitura deste livro lhe proporcione um sistema de crenças de que o cérebro não é apenas uma máquina misteriosa que controla o nosso corpo e a nossa mente, mas um sistema que pode ser estudado e compreendido. O nosso objetivo é lhe fornecer a fagulha (de Galvani ou Volta) que lhe permita fazer descobertas que revelem novas coisas até então ocultas.

Queremos deixar um conselho àqueles que querem estudar o cérebro. A ciência é uma mistura de curiosidade, criatividade e ação. Devemos nutrir a nossa curiosidade a fim de preparar a nossa mente para observar algo que talvez estivesse aí o tempo todo, mas que ninguém havia estudado (como a descoberta do EEG por Hans Berger). Devemos ser criativos para construir modelos do que pensamos estar acontecendo em nosso cérebro, ou produzir instrumentos para medir e quantificar nossas observações (como uma maneira de medir a velocidade de condução dos nervos do bicho-da-seda). Por fim, devemos também ser pessoas de ação, conduzindo experimentos ou inventando novas técnicas e compartilhando-as com o mundo. Com essas três qualidades em mente, você terá as ferramentas necessárias para gerar impacto no campo da neurociência e, quem sabe, criar novos *insights* que venham a mudar o curso da humanidade.

Então vamos lá! O próximo passo só depende de você. Esperamos que você leve o nosso conselho a sério, de coração (e mente, é claro), e compartilhe as suas descobertas conosco!

Lista de experimentos

- Experimento 23: reativação direcionada da memória
- Experimento 24: a resposta P300
- Experimento 25: os ritmos mu do córtex motor
- Experimento 26: dessincronização dos ritmos mu durante os movimentos
- Experimento 27: detecção da dessincronização dos ritmos mu a partir de diferentes partes do corpo
- Experimento 28: diferenciação entre ondas alfa e ritmos mu
- Experimento 29: dessincronização dos ritmos mu em movimentos imaginados
- Experimento 30: EEG da meditação e do repouso
- Experimento 31: mensuração dos potenciais de ação do coração (ECG)
- Experimento 32: resposta eletrocardiográfica ao exercício
- Experimento 33: ativação do sistema nervoso simpático
- Experimento 34: ativação do sistema nervoso parassimpático
- Experimento 35: registro eletromiográfico (EMG)
- Experimento 36: potenciais de ação da unidade motora
- Experimento 37: o recrutamento muscular na mastigação
- Experimento 38: eletro-oculograma (EOG) horizontal
- Experimento 39: eletro-oculograma (EOG) vertical
- Experimento 40: movimentos sacádicos
- Experimento 41: rosca bíceps com contração isométrica
- Experimento 42: modelagem das taxas de fadiga na preensão isométrica
- Experimento 43: reflexo patelar
- Experimento 44: resposta ao toque patelar contralateral
- Experimento 45: tempo de reação simples
- Experimento 46: tempo de reação de escolha

APÊNDICES

Apêndice 1: Como cuidar de baratas

As baratas são criaturas maravilhosas e um organismo modelo perfeito para o registro neuronal. Portanto, certifique-se de que elas possam viver os seus dias com relativo conforto. Mas por onde começamos? Segue-se um curso intensivo sobre como cuidar das suas humildes baratas. Munido desses conhecimentos, você pode criar um lar feliz e confortável em que as suas baratas possam viver e relaxar.

As baratas podem viver de 2 a 3 anos com os cuidados adequados, e você pode até gerar uma colônia autossustentável com pequenas manobras. Na fase adulta, as baratas levam cerca de 6 a 8 meses para atingir a maturidade sexual. Todas elas, independentemente do estágio, podem viver no mesmo recipiente.

Recomendamos que você compre pequenos terrários em uma *pet shop* local. Você pode também usar qualquer recipiente plástico que tiver à mão, certificando-se apenas de fazer furos para a passagem de ar. Existem muitas espécies de baratas à escolha, mas nós constatamos que as baratas discoides (*Blaberus discoidalis*) possuem algumas vantagens: (1) Elas não conseguem rastejar sobre superfícies de vidro ou plástico, de modo que, se for suficientemente grande, o seu recipiente não precisa sequer ter tampa. (2) Elas são originárias da América do Sul, de modo que, com os climas temperados no interior das casas e salas de aula, elas se movimentam um pouco mais devagar do que suas equivalentes norte-americanas ou europeias[1]. (3) Elas tendem a não cheirar tão mal quanto a espécie *dubia*, mais popular.

Depois que conseguir um recipiente, encha o fundo do terrário com terra. Utilizamos terra não fertilizada preparada para plantas, que compramos em lojas de ferragens locais, mas, sinceramente, a terra existente do lado de fora de sua casa serve também. As baratas gostam de se embrenhar por baixo da terra. Acrescente alguns rolos de papel higiênico, embalagens para ovos ou restos de madeira para elas brincarem e se esconderem.

Como alimento, preferimos usar alface, que fornece água e não mofa com rapidez. Fatias de cenoura também servem. Você pode também adicionar suplementos de ração seca para gatos que contém muita proteína, fazendo com que as baratas cresçam mais rápido – sobretudo quando elas são pequenas. Entretanto, você terá que ter cuidado com a formação excessiva de bolor na ração. As baratas também gostam particularmente de fatias de banana, maçã vermelha e laranja, mas, assim como com a ração, você terá que ficar muito mais atento à formação de bolor.

Para uma abordagem menos "mão na massa", você pode comprar ração em pó para baratas ou grilos e alguns cristais de água que geral-

1 N.R.C.: Ao cuidar de suas baratas no Brasil, lembre-se de que estamos em um clima tropical em que elas não vão se movimentar com mais vagar.

mente vêm em sacos grandes ou baldes e são feitos para quem cultiva insetos; mas devem durar muito tempo com você. Basta adicionar água aos cristais e colocá-los em um recipiente com paredes baixas no piso do terrário. Adicione a ração em pó em um recipiente semelhante, colocando-o do lado oposto ao da água para que os dois não se misturem (novamente, por causa de mofo).

As suas baratas devem ser mantidas a uma temperatura de 24°C a 26,5°C. Elas conseguem aguentar temperaturas mais baixas, mas não crescerão muito rápido. Substitua a ração toda semana, e pulverize o recipiente com um pulverizador de água para garantir a umidade e fornecer água para os insetos beberem.

Curta as suas novas amigas de baixa manutenção! Você vai ouvir as passadas delas nas noites em que estão mais ativas.

Apêndice 2: Como construir um SpikerBox

E então, por que precisamos de um SpikerBox para escutar os neurônios, o cérebro e os músculos? O corpo se comunica utilizando potenciais elétricos com uma corrente elétrica muito baixa (I). Para visualizar essa atividade, precisamos usar circuitos eletrônicos especiais com alta impedância (ou resistência, R). Uma corrente baixa combinada a uma corrente alta pode produzir uma voltagem suficientemente alta para utilizarmos (da lei de Ohm, V=R*I). Podemos continuar amplificando o sinal por estágios para conseguir ver e ouvir os sinais neurais. Vamos dar uma olhada em como fazer isso.

A invenção do transistor (pela Bell Labs na década de 1940) introduziu uma grande mudança no campo da eletrônica. O transistor permite amplificar um sinal (tornando-o mais alto) mediante o uso de materiais semicondutores, como o silício. Essa invenção é considerada uma das maiores do século XX, uma vez que tornou os computadores menores e mais rápidos. No SpikerBox, usamos transistores para amplificar os biossinais muitas, muitas vezes.

Segue-se um diagrama anotado do circuito (ou desenho esquemático) de um SpikerBox projetado para registrar atividade neuronal dos insetos. A visualização do diagrama de um circuito é muito semelhante à do mapa de um metrô. A topologia (conexões) é importante, enquanto a localização geográfica (onde estão situados os componentes em uma placa de circuito impresso) pode ser alterada para facilitar a visualização da topologia.

Circuito de força

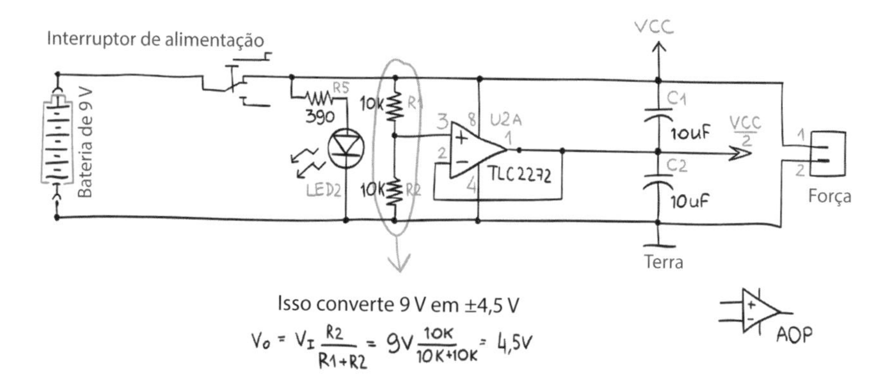

Os amplificadores operacionais (AOPs) são simbolizados por um triângulo apontado para a direita e utilizados para amplificar a diferença entre os pinos de entrada. Os AOPs são constituídos por 20 a 30 transistores conectados entre si para permitir esse tipo especial de amplificação. Normalmente, os AOPs utilizam dupla tensão de alimentação (V+, V-), o que permite que as entradas e saídas sejam referenciadas ao terra (0 V). Isso exigiria duas baterias (uma de cada para V+ e V-). Para fins de portabilidade, você pode projetar o circuito para utilizar uma única bateria de 9 V, razão pela qual dividimos a voltagem em + 4,5 V utilizando um divisor de tensão (R1/R2). O terra virtual é estabilizado por um AOP (*Chip* 2a) com o uso de um seguidor de tensão. Utilizamos um TLC2272 como o nosso AOP, podendo-se utilizar também peças semelhantes de outros fornecedores (TL074, OP291, OP293 ou MCP602, para citar alguns).

Circuito de amplificação neural

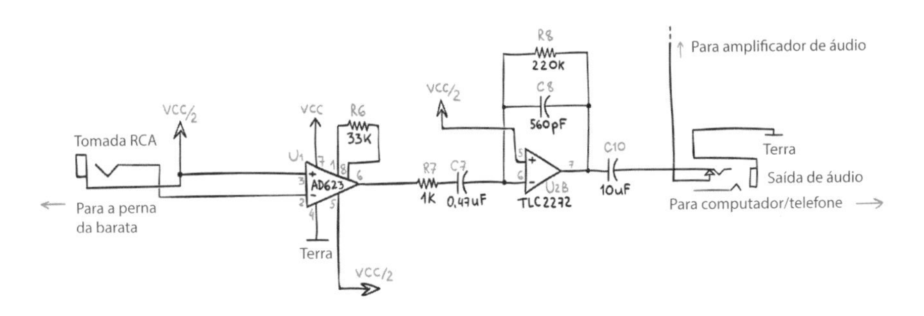

Os dois pinos conectados à perna da barata entram no circuito pela tomada RCA à esquerda. Esse sinal é amplificado ~4× por um amplificador de instrumentação de baixa voltagem (AD623, *Chip* 1). Um amplificador de instrumentação é um tipo especial de amplificador diferencial para uso específico em aplicações de medição. Você pode utilizar também outros *chips* de instrumentação (por exemplo, INA118, da Texas Instruments).

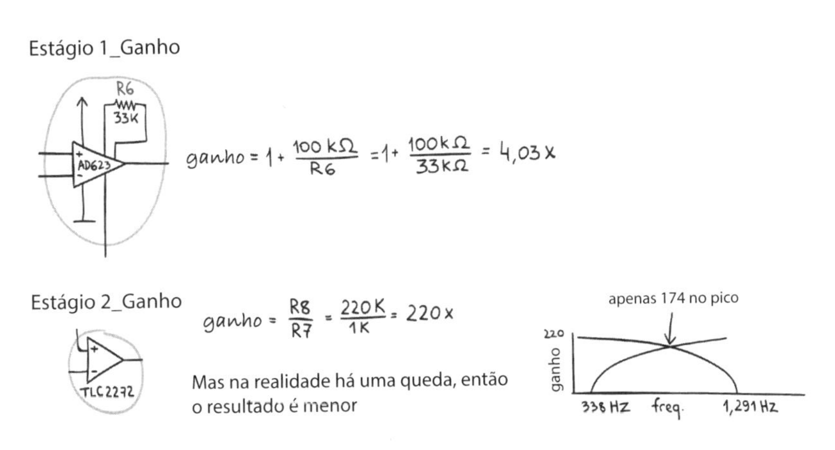

O ganho (amplificação) é configurado mediante o ajuste do resistor nos pinos 1 e 8, de acordo com a equação contida na planilha de dados AD623.

$$\text{Ganho} = 1 + \frac{100\,k\Omega}{R}$$

Em nosso circuito, R = R6 = 33 kΩ, portanto, o ganho é de 4,03. A saída de AD623 é amplificada ainda mais por meio de um segundo AOP (*chip* 2b) TLC2272, com a equação:

$$\frac{R_8}{R_7} = \frac{220\,k\Omega}{1\,k\Omega} = 220$$

Essa seção do circuito também elimina (filtra) frequências nas quais não estamos interessados.

Filtro passa-baixa

R8 220K C8 560pF

$$f_c = \frac{1}{2\pi \cdot R8 \cdot C8} = \frac{1}{2\pi \cdot 220 \cdot 10^3 \cdot 560 \cdot 10^{-12}} = 1{,}291\ \text{Hz}$$

Filtro passa-alta

R7 1K C7 0,47uF

$$f_c = \frac{1}{2\pi \cdot R7 \cdot C7} = \frac{1}{2\pi \cdot 1 \cdot 10^3 \cdot 0{,}47 \cdot 10^{-6}} = 338\ \text{Hz}$$

Os sinais de pico neural possuem frequências de 300 a 1.300 em forma de onda, razão pela qual projetamos o filtro de modo a permitir a passagem dessas frequências. O resistor e o capacitor em série (C7 e R7) servem de filtro passa-alta, com uma frequência de corte determinada por $f=1/2\pi RC$. A nossa frequência de corte do filtro passa-alta é, portanto, de 338 Hz. O resistor e o capacitor conectados em paralelo (C8 e R8) servem de filtro passa-baixa, com uma frequência de corte determinada pela mesma equação, e é, portanto, de 1.291 Hz. O ganho total do circuito é de 4,03*220 = 886,6. Observe que essas equações de ganho e frequências de corte funcionam em qualquer AOP. Esse sinal amplificado, então, vai para a linha que sai do SpikerBox e pode ser conectada a um smartphone ou computador com o uso de um cabo de smartphone (conectado na porta do microfone para fins de digitalização). Você pode também digitalizar o sinal nesse nó e enviá-lo via USB ou Bluetooth. É isso que fazemos em nossos SpikerBoxes comerciais.

Circuito amplificador de áudio

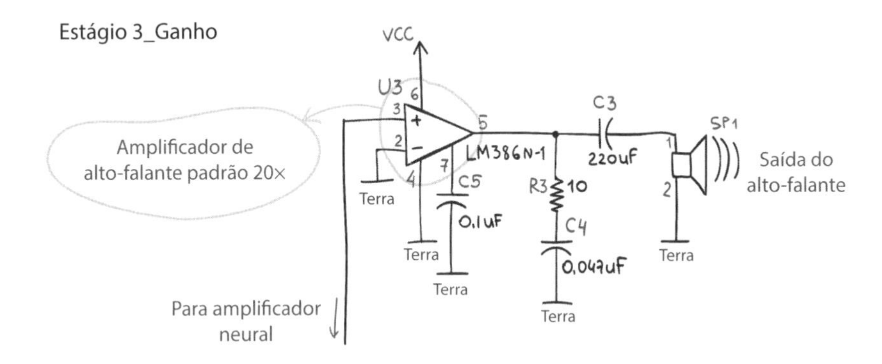

É bonito ouvir o som dos picos, por isso você vai querer incluir um amplificador de áudio (utilizando o LM386, *chip* 3) e um alto-falante embutido para ouvir a atividade neural. O LM386 é configurado de modo a amplificar o sinal 20× utilizando-se a configuração padrão apresentada na planilha de dados LM386, disponibilizada gratuitamente pela Texas Instruments.

Modifique o SpikerBox para registrar outros sinais

Você pode modificar esse circuito do SpikerBox para trabalhar com outros sinais, ajustando as configurações e os ganhos do filtro da banda de passagem. Por exemplo, se quisermos registrar eletromiogramas (EMG), precisaremos alterar a banda de passagem para permitir a passagem de frequências mais lentas, de até 20 Hz. Para fazer isso, precisamos alterar C7 (o capacitor 7) para 6,8 uF. Para permitir apenas a passagem de frequências do EMG de até 500 Hz, alteraremos C8 para 18 nF (geralmente expresso como 18.000 pF por alguma estranha razão) e R8 para 18k. Esses são os valores geralmente disponíveis para os capacitores; nessa configuração, a banda de passagem do SpikerBox fica com 20 a 500 Hz; o ganho fica em 4 × 18k/1k = 72. Segue uma tabela que lhe permitirá modificar o SpikerBox, dependendo do sinal que você estiver tentando registrar:

SINAL DE ENTRADA			SPIKERBOX					
NOME	BANDA DE PASSAGEM (Hz)	AMP (mV)	C7	R7	C8	R8	BANDA DE PASSAGEM (Hz)	GANHO
PICOS	300-1300	0,1-1	0,47uF	1k	560pF	220k	338-1291	900x
EMG	20-500	20-500	6,8uF	1k	18nF	18k	23-491	72x
EOG*	0-50	0,05-3,5	220uF	10k	2,8nF	1M	0,07-56	400x
ECG	0,05-100	0,1-10	220uF	10k	560pF	2,8M	0,07-101	1120x
EEG	0,1-100	0,01-0,1	220uF	1k	1,5nF	1M	0,72-106	4000x

*Essa faixa deve funcionar também para os experimentos da antena e de ERG.

Se você não quiser construir um SpikerBox sozinho, temos SpikerBox prontos de código aberto que você pode adquirir por meio de nosso *site* na internet, backyardbrains.com. Lá, você encontrará também o aplicativo SpikeRecorder para coletar e analisar os seus dados.

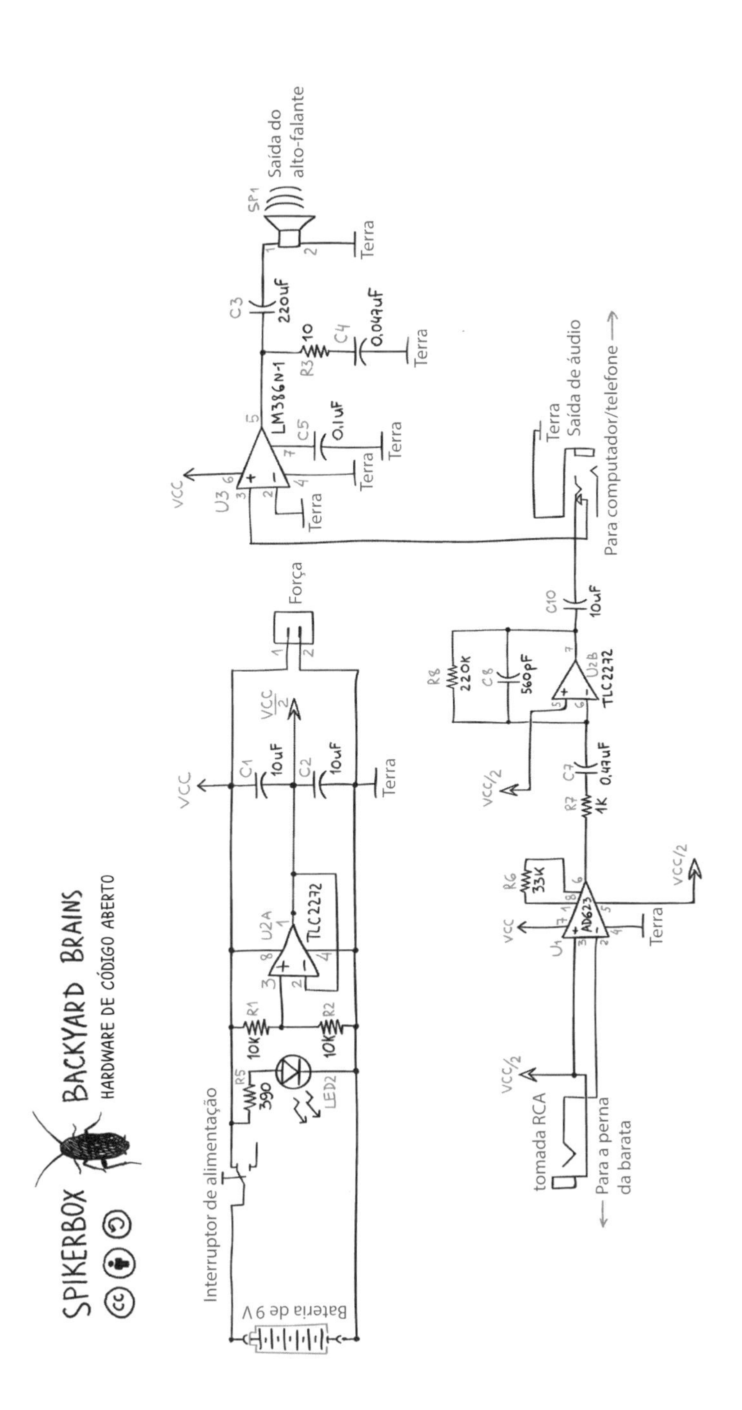
SPIKERBOX
BACKYARD BRAINS
HARDWARE DE CÓDIGO ABERTO
Interruptor de alimentação
Bateria de 9 V
R5 390
LED2
R1 10K
R2 10K
U2A TLC2272
VCC
C1 10uF
C2 10uF
VCC/2
Terra
Força
U3 LM386N-1
C5 0.1uF
R3 10
C4 0,047uF
C3 220uF
SP1
Saída do alto-falante
Saída de áudio
Para computador/telefone →
tomada RCA
← Para a perna da barata
U1 AD623
R6 33K
R7 1K
C7 0,47uF
R8 220K
C8 560pF
U2B TLC2272
C10 10uF

Índice remissivo

C

F

O

P

Q

R

S

T

U

V

Anotações